THE 2-in-1 MANAGER

一合一 极简管理课

即刻创新

BE CREATIVE NOW!

[英] 史蒂夫·罗林（STEVE RAWLING）◎ 著

马林梅 ◎ 译

湖南科学技术出版社

推荐语

罗林的书文笔简洁，富有创意，非常实用。他的书思想性很强，我通常都会多读几遍。

——查尔斯顿学院、曼彻斯特大学教授菲尔·曼宁（Phil Manning）

无论你个人或你的企业面临什么挑战，你都可以从这本书中找到富有创意的解决方法，书中的内容精彩而实用！

——创意总监、电视制片人萨姆·卢恩斯（Sam Lewens）

这本书堪称"21世纪的管理者必备的完美工具包"，你需要知道的管理知识尽在其中。

——曼彻斯特辉煌未来（Sharp Futures）CEO罗斯·马利

让你在激动人心的旅程中生成比竞争对手更出色、更令人印象深刻、更富创意的想法。你可以在团队中运用这些工具，或者将它们变成你的制胜秘诀。

——娱美乐数字技术有限公司（Yoomee Digital）战略总监安迪·梅耶（Andy Mayer）

如何使用本书

"我没有太多创造力……"

我已经不知道听过多少人说过这句话了。你在拿起本书的这一刻，可能也是这么想的。你在工作中不是一个很有创造力的角色，算不上创新型人才。因为不是很有创造力，你通常会在会场上保持沉默。

我的体格不太健壮，但我知道，如果运用某些技能，再加上我的努力，几个月后我会变得更健康、更强壮，动作会更迅速。创造力也是如此。

在瞬息万变的世界中，当你面临不确定性，需要运用新方法来解决问题时，你就需要具备创造力。本书包含一百多个工具和练习，它们能助你：

- 产生数百个——没错，是数百个——新想法。

- 从新想法中发现最有用的创意。

- 在产生错误结果之前发现糟糕的想法。

- 说服他人接受你的最佳想法。

速读部分介绍每章的基本知识和你需要立即着手去实施或考虑的事项。

详解部分细致地解释了支持每章内容的思想，介绍了实用的工具和练习。其中的一些练习你可以在书中马上完成，但大多数练习是针对团队和集体训练而设计的。

你需要多久才能掌握书中的技能？

书中的某些技能马上能见效，但大多数技能需要花费至少半个小时才能充分发挥其作用。你可以结合多种技能，使团队在几个小时内完成一项细致的工作。本书的所有练习均可从 www.newthinking.tools 网站上下载。

记住，创造力不仅仅只是至关重要的职业技能，它还非常有趣。

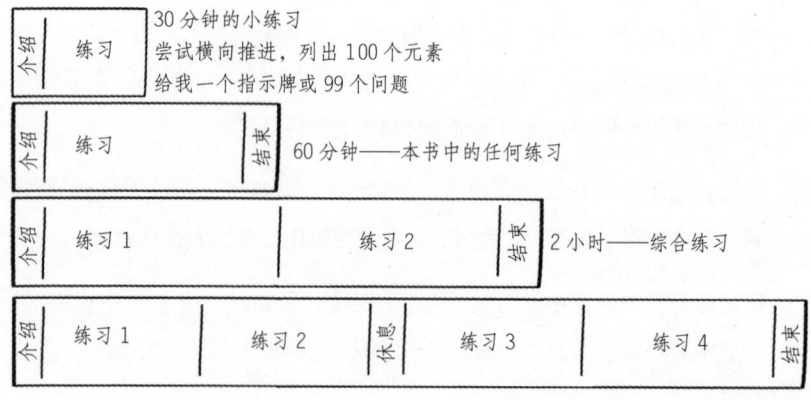

目　录

第**1**章

提高创造力

1.1 以独创性打败习惯

你富有创造力吗？

不一定非得是艺术家、作家或音乐家才具有创造力。创造性思维意味着找到解决问题的新方法，人人都需要这种思维。

但为什么我们难以提出新想法呢？那是因为无论从事哪种工作，我们都喜欢久经验证的做法，它是我们了解行业、完成工作的方法。但形成习惯并不需要很长的时间，也就是说，将"一次这么做"变成"经常这么做"并不需要很长的时间。

久经验证可能是新思想的障碍。当你得知竞争对手的新想法时，你会说："真希望当初我能想到这一点。"这正是你本人、你的团队和组织需要新思维工具的原因。

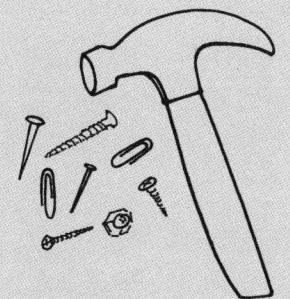

我认为，当你手里只有一把锤子时，你会把所有的问题都看成钉子。

亚伯拉罕·马斯洛

你要成功地完成手头的项目，就需要由思想家和实干家组成的团队，他们会运用各自的思维工具来解决问题。如果团队里只有实干家，会难以突破久经验证的习惯；如果只有思想家，恐怕难以完成任何工作。

本书中的工具可以帮助实干家思考，也可以帮助思想家行动。新的工具能帮助你找到新创意，剔除糟糕的想法，并说服重要的人接受你的最佳想法。

你也不希望面对充满挑战的世界时只有一种工具在手吧？

照着做

你认为自己的创造力如何？想想你本周已解决的所有问题，你是否找到了富有创造力的解决方案？

1.2 发散思维

发散思维会推动你的想法超越显而易见的答案和最早想到的可行方案，这意味着可以产生很多可能的备选方案，而不是直接找到一个"正确"的答案。如果你在工作中经常快速地做出决策，那么发散思维可能会令你感到不适，但当你尽力获得了大量选项的时候，你更可能发现新创意。

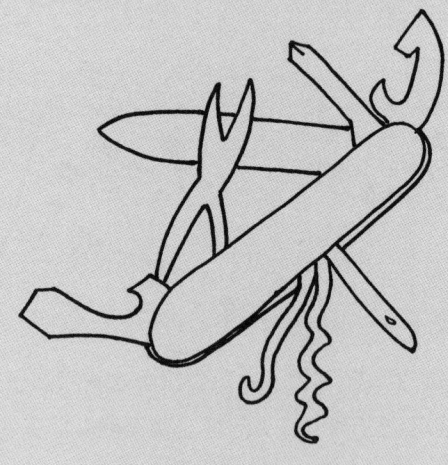

一旦你的面前出现了很多选择，你就更容易找到它们之间的联系和共性，而且更容易选定可落地的最佳创意。

照着做

你是否经常赞同第一个可行的想法？你是否经常寻找其他解决方案？

1.3 横向思维

英格兰足球经理鲍比·罗布森爵士曾告诉球员：熟能生巧。这对运动员而言是很好的建议，但对创造性思考者是不利的。

当你需要新的做事方法或者你周围的世界不再适合旧模式时，一成不变是无济于事的，此时你需要新的思维工具。

我们的大脑已经完成了进化，因此能够快速地理解纷繁复杂的世界。它们是美妙的"制模机"，时刻准备将信息分门别类地组织起来。它们每次工作时，模式都会得到强化。

横向思维可以打破模式的桎梏，让你从不同的角度审视问题，从不同寻常的起点出发，挑战公认的规则。

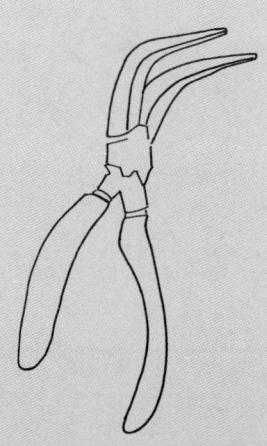

如发散思维一样，你试图寻找的是新选择而非"正确的"答案。同样的，如果你不习惯，这一思维工具会让你感到不舒服。

照着做

你是否经常寻找"正确的"想法？你如何看待与他人分享不同寻常或新颖的想法？

1.4 收敛思维

在信息超载的时代，我们大多数人都非常善于缩小选择范围、聚焦重点和排除干扰项。

这正是收敛思维的作用，即从众多备选方案中选定最佳。创造性思维过程中，在经历了发散思维和（/或）横向思维阶段之后自然就是收敛思维阶段了。

在收敛思维阶段你要注意两个问题：

1. 在花时间进行发散性或横向思考之前，不要急于做出判断。

2. 尽力在发散思维或横向思维中获得新奇的想法。

照着做

　　你通常能以多快的速度收集完方案并选定最佳方案？你是否会匆忙地做出判断？你如何看待保持备选方案的开放性？

1.5 时间和空间

　　当你坐在办公桌前盯着收件箱时，你是无法进行创造性思考的。你要为自己和团队腾出时间和空间，远离"日常工作"的干扰。

　　这可能需要半个小时，也可能需要一个休息日。无论做出哪种选择，你都要在某个时间和空间里创造不同的心境，运用不同的规则。这可能是一个真正的挑战，但不要自欺欺人——除非你找到了不同的行为方式，否则你将无法思考。

照着做

　　下次当你为解决某个问题而冥思苦想时，起身离开桌子走一走。眼里景物的变化能否影响你的思考方式？

1.6 团队动态

有时候我们需要安静的空间来思考，而有时候观察别人有助于凝练我们的想法。一些人能帮助我们更自由地思考，而另一些人则让我们保持警醒。

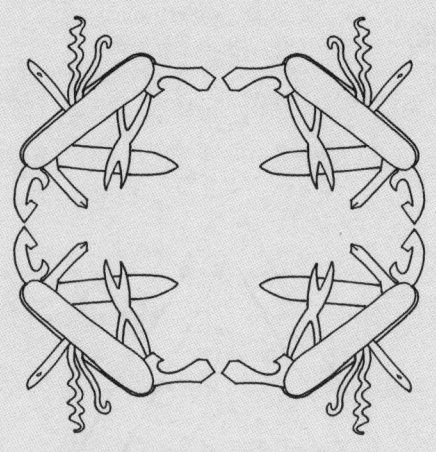

通常情况下，新想法是个人提出的，但大多数情况下，将新想法付诸实施却需要一个团队。所以，即使你认为自己是世间少有的天才，你也要关注团队的动态。本书中的工具对群体和个人、内向者和外向者、高级领导者和基层员工均适用。

在大型组织里，实现创造力和纪律之间的平衡一直是很棘手的问题。作为领导者或管理者，允许员工自由创作可能很困难，特别是在时间很短且预算不足的情况下，但创造性思维需要自主性。

照着做

观察你工作场所中的团队动态。有人支持分享新想法吗？有人不支持吗？他们的行为方式有何不同？

1.7 选择适合的工作工具

创造性思考是一个包含不同阶段的过程，你必须知道自己的项目处于哪个阶段。如果不确定，你要对自己和其他人（包括你的同事、老板和利益相关者）提出一些问题，然后为你们所处的阶段选定适合的工具。

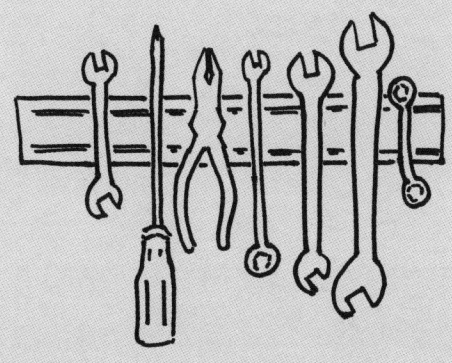

照着做

描述你想启动的项目。你正试图解决什么样的创造性问题？你目前正处于什么阶段？

详解

1.1 以独创性打败习惯

为什么？

无论是艺术家还是商人，创造性思维都至关重要。它自由而有趣，还能给人带来满足感。从洞穴中发现的雕像和绘画表明，我们的祖先早在 4 万年前就具有创造力了。

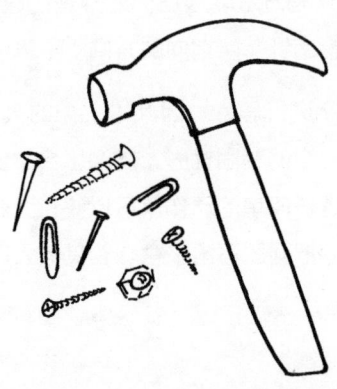

人之所以为人，是因为人具有创造力。显然，在商业领域，创造性思维会成为你的一大竞争优势。在当今社会，你虽然可以将很多事情外包，却不能将创意外包。

可是，为什么有人的创造性思维却似乎比其他人要出色得多呢？这通常是个人的思维偏好和不同企业的企业文化综合造就的。有时候，这种综合性的影响会使人更容易成为一名思想者，有时则会使人更容易成为一名实干家。

知识简介

值得高兴的是，尽管因人而异，创造力却是人人都具备的自然秉性。

在创造性思维中，至关重要的是对不确定性的容忍。如果你无法忍受不确定性，如果你喜欢确定的答案甚于选择开放的答案，那么你会发现，对假设性问题的探索过程会令人沮丧，甚至令人不安。"对不确定性的容忍能让人继续处理复杂的问题，保持开放的心态并提高寻找新解决方案的可能性"。

测试创造性思维的方法有很多，例如提出"你能找到多少种回形针的用法"这样简单的问题。无论你是问题的解决者、想法的提出者、开发人员还是实施人员，总会有其他的一些方法来衡量你对创造性过程不同阶段的偏好。还有一些方法能根据你对推理、趣味性、本质或结果的偏爱确定你的"直觉指南针"所指向的方向。

我们需要借助文字进行思考，因此本书中的大部分工具都需要一定量的书写。当我们被一个问题困扰时，脑海里会不断地闪现出一些词语，这时写下所有的问题这一简单的动作就可以终止大脑中持续的问题循环，释放思维空间。另外，把问题写出来意味着其他人可以帮你解决问题。

如何做

1. 测试你对不确定性的容忍度

· 个人练习，用时 10~15 分钟。

回答下面表格中提出的问题。得分高（30 分以上）则说明你更可能偏爱确定性。第 4 章介绍的灵感获取工具尽管会让你感到不舒服，但能帮助你开拓许多新的可能性。

得分较低（30 分以下）则说明你更可能乐见不确定性。第 5 章和第 6 章中介绍的找出好创意和剔除糟糕想法的工具能帮助你依概率做出艰难的决策。

你对下列事项的认同感有多强?	你可能会说或可能认为……	分值范围（1—10 分） 认同感最弱 =1 分 认同感最强 =10 分
感觉需要确定性	我需要知道…… 给我答案……	
认为大多数情况"非黑即白"	这显然是最好的选择…… 这是可怕的想法……	
与陌生的境况相比，更喜欢熟悉的境况	对此我无能为力…… 对此我万无一失……	
拒绝不寻常或不同的事物	这不是我们做事的方式…… 这不是我习惯的……	
需要找到一个解决方案并坚持下去	必须有个答案…… 但我们已经决定……	
觉得需要早点结束	就这样吧，我们进行下一项…… 已讨论够了，我们采取行动吧……	

来源：节选自博克纳（Bochner，1965）

2.99u.com 上有 5 个在线创造力测试方法，试试其中的一个

• 个人练习，用时 15~30 分钟。

思考

让你的项目团队参与同样的测试。他们的想法偏好是否与你的相同？这对你们合作共事会产生什么影响？

参考文献

Bochner, S. (1965) Defining intolerance of ambiguity. *Psychological Record*.15(3), 393–400.

Cholle, F.P. (2011) *The Intuitive Compass: Why the Best Decisions BalanceReason and Instinct*. Jossey-Bass.

Grivas, C. and Puccio, G. (2012) *The Innovative Team: Unleashing CreativePotential for Breakthrough Results*. Jossey-Bass.

Guilford, J.P. (1967) The *Nature of Human Intelligence*. McGraw-Hill.

Levitin, D.J. (2014) *The Organised Mind: Thinking Straight in an Age ofInformation Overload*. Penguin Books.

Zenasni, F., Besancon, M. and Lubart, T. (2008) Creativity and tolerance of ambiguity: An empirical study, The Journal of *Creative Behavior*, 42(1), March.

1.2 发散思维

为什么

发散思维是有意识地提出多种选择方案并尽可能使之多样化。遇到问题时，你最先想到的往往是最显而易见的解决方案。如果你需要新颖的方案，就必须突破过去的想法，这样你和其他与之相关的人才能得到惊喜。

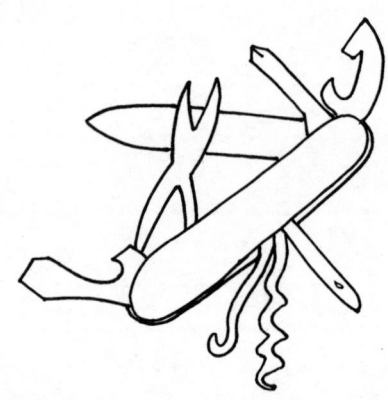

运用发散思维的目的是，寻找看待问题的不同视角而不是"正确"的观点。它需要你暂时停止运用正常的决策规则。它看似是闹着玩的，甚至是毫无价值的行为，而且可能对最先想到的可行方案提出尖锐的批评（见 1.4 节有关发散思维的论述）。

知识简介

教育理论家肯·罗宾逊爵士认为，发散思维是创造性过程的重要组成部分。这一思维意味着，在不必担心对与错的情况下，具有"看到一个问题的多种可能答案的能力"。事实上，"不准备犯错，你永远都拿不出任何原创的东西"。

许多作家和艺术家在做出最佳选择之前都会提出很多备选方案。约翰·克利斯为巨蟒剧团（Monty Python）创作时，曾为发散思维创造了一个不受时间和空间（大约 90 分钟）干扰的"绿洲"。克利斯意识到，他的素描比巨蟒剧团的其他同事更有创意，原因是他酝酿创意的时间更长。

但发散思维不是作家和艺术家专属的必备技能。任何面临新的、复杂的和困难的问题的组织都能从中受益，因为他们可以群策群力。群体的每个人对世界的看法均不同，"不同的视角和工具能使群体找到更多更好的解决方案，从而提高整体的生产力"。

如何做

1. 为发散思维创造特殊的时间和空间

为了酝酿创意，你是否与约翰·克利斯一样，创造了 90 分钟不受干扰的时间和空间？

2. 进行发散思维小测试

- 集体或个人练习，用时 10 分钟。

如果你或他人想知道思维的差异如何创新，那就请完成这个测试吧。请拿起一支笔和一块手表。

给定 60 秒的时间，尽可能多地写出橙色物品的名称。

时间到，再给定 60 秒时间，继续写，依此类推。

思考

现在看看你写出的所有物品的名称，第一个是不是"橙子"？人在压力之下，脑海里最先闪现的往往是最显而易见的想法。

皮克斯的情节串联图板艺术家艾玛·科茨曾对作家提出了这样的建议："不要全信首先想到的，以及第二、第三、第四、第五想到的，避开明显的，找到让自己惊讶的"。返回你写的清单，看到哪里时你会感到惊喜？是在第一个 60 秒里还是最后一个 60 秒里？

让你的同事也做下橙色测试。谁最容易列出长长的清单？谁的想法最令人惊奇？他们坚持的时间越长，想法越多吗？试试不同的颜色，比如蓝色，我敢打赌，每个人都会先说"天空"或"大海"。另外，白色是白雪，红色是鲜血，黄色是太阳，绿色是草地。

参考文献

Cleese, J. (2012) Address to Cannes International Festival of Creativity, 2012. Featured in Fast Company: http://tinyurl.com/cleese-creative

Coats, E. (n.d.) *Pixar Rules of Storytelling*: http://tinyurl.com/Pixar-22-Story-Rules

Page, S.E. (2007) The Difference: *How the Power of Diversity Creates BetterGroups, Firms, Schools and Societies*. Princeton University Press.

Robinson, K. (2006) Do schools kill creativity? TED Talks.

Robinson, K. (2010) Changing education paradigms.TED Talks:
http://tinyurl.com/KenRobinsonLecture

1.3 横向思维

为什么

横向思维意味着从不同的角度来看待熟悉的问题。当你从一个不同寻常的地方起步或者故意违反公认的规则时，你的固定思维模式就会动摇。

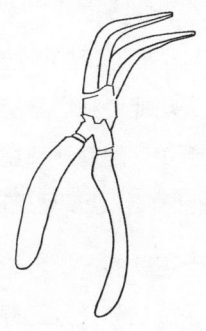

固定思维模式存在一个很大的问题，特别是考虑到它对结果产生的影响时。这个问题就是，组织有可能沦为"积极的惰性（active inertia）"的受害者，他们面临危机时会以多做擅长的事而不是尝试新方法的方式来应对。

创新意味着突破常规，意味着你先于竞争对手提出新的和先进的思想。

知识简介

我们接收信息的顺序影响着我们对信息的思考。我们很快形成的思维模式影响着我们对形势的理解和推理。这种信息处理方式虽然高效，却会让人陷入思维定式。爱德华·德·博诺说明了这一点：

"深挖一个洞不会让你挖出另一个洞。"横向思维是刻意地解除大脑对旧习惯的依赖。

例如，看看下面的个性评估结果，你更喜欢与阿兰共事，还是更喜欢与本共事？

阿兰	聪明——勤奋——冲动——挑剔——固执——有嫉妒心
本	有嫉妒心——固执——挑剔——冲动——勤奋——聪明

尽管阿兰和本两人的个性相同，但大多数参与测试的人都更喜欢与阿兰共事。个性特征的排序影响了我们对他们的看法。

横向思维看似是为自身利益而进行的尴尬训练，特别是当你挑战的是那些运行良好的模式时。成功促使我们坚持久经考验的做法，公司可能以"积极的惰性"应对不断变化的商业环境，换句话说就是，做更多过去奏效的事情，但这导致他们在快速变化的商业环境中缺乏创新能力。

但后见之明并非百分之百正确的，你可能以为自己知道上次成功的原因，但除非你正确地分析了成功与失败的原因，否则你可能遗漏掉关键的因素。你的成功可能归因于你未看到的因素或者只是因为你运气好。

如何做

测试你的横向思维（2 分钟）

下面几组字母属于描述国籍的一个长单词（这里的字母顺序与单词中的顺序一致），写出每组字母所属的国籍单词。

BRS 英国人	ACA 美国人
LTV	UGD
CDI	SVK
JPS	PRV
TWN	NLH

哪一组最难辨认？是 NLH 吗？ NLH 指的是哪国人呢？答案不是荷兰人（Netherlandish），而是英国人（English）。

为什么辨认 NLH 这么难呢，因为其他字母组的第一个字母与国籍完整单词的第一个字母是一样的。当你确认第 10 个字母组时，你的大脑已经陷入了思维定式，它欢快地回忆了一遍以字母 N 打头的国籍单词后一无所获。

现在请运用横向思维这一打破固有模式的方法填写所列字母之前、之间和之后的空格。

_____ B _____ R _____ S _____，你仍然能确定这是英国人（British）一词。

_____ N _____ L _____ H _____，你更可能确定这是英国人（English）一词。

思考

让周围的人做横向思维测试，结果是否会令你吃惊？当旧的行事方法看似效果不错时，思考下在你的项目中运用新方法有多难？

参考文献

Allan, D., Kingdon, M., Murrin, K. and Rudkin, D. (2002) *Sticky Wisdom: How toStart a Creative Revolution at Work.?*WhatIf! Publications.

De Bono, E. (2009) *Lateral Thinking: A Textbook of Creativity.*Penguin Books.

Kahneman, D. (2011) Thinking, Fast and Slow. Penguin Books.

Sull, D.N. (2003) *Revival of the Fittest: Why Good Companies Go Bad and HowGreat Managers Remake.*Harvard Business Press.

1.4 收敛思维

为什么

不付诸行动，再伟大的思想家也无济于事。面对大量的选择时，我们都曾有过"分析停顿"的经历，即使是选购手机这样微不足道的事也不例外。

在工作中，我们大多数人能找到解决此类问题的方法，而且我们善于运用收敛思维，这是缩小选择范围、选定最佳和放弃其他选择的过程。在创造性过程中，这正是创新落地之处。但其挑战在于，如何在聚焦于最佳选择的同时，也最大化地发现新事物和创新的机会。

知识简介

发散思维或横向思维阶段之后自然就是收敛思维阶段了。第一个阶段产生多种选择，第二阶段选出最佳方案。如果你在以结果为导向的环境中工作，那么你可能会承受过早转向收敛思维的压力。但如果你在短时的发散思维阶段后又返回至了第一个可行的想法，那么你永远无法突破惯常的做法。

值得一提的是，大多数人在面临不确定性时更喜欢安全的选择，所以你要有意识地推动他们保持新奇感。

发散/收敛模型

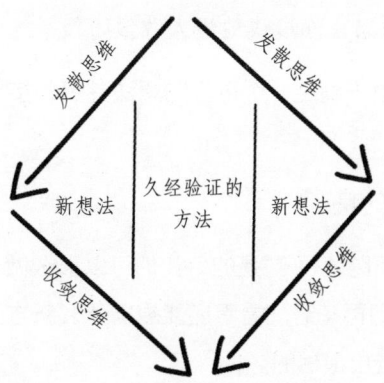

来源：普乔等（2005）

你可以从上述模型中看出发散思维是如何推动你走出熟悉的区域、远离久经验证的方法的。只有在探索区域投入时间，你才能发现新想法。

横向思维从不熟悉的领域着手，这有助于发散思维阶段的工作。《游戏风暴》一书的作者格雷等人也建立了一个类似的模型，这个模型会开始一项讨论，并在讨论结束前加入探索的过程。

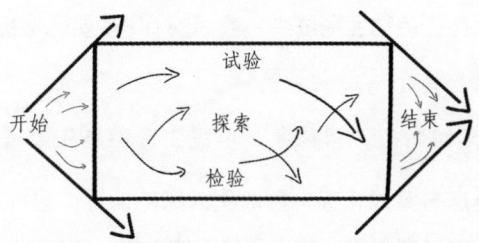

来源：基于格雷等（2010）的研究

他们有两条管理发散思维和收敛思维的规则：

• 　不同时开始和结束。这是两种不同的思维，要暂缓判断，保持心态开放，直到准备结束。

• 　每一次思维都要有结点，不让选择方案悬而未决。

如何做

1. 用一个问题阻止你过快地进入收敛阶段

当你觉得自己急于确定一个可行的想法并想直接采取行动时，要大声对自己说：

"不错，但其他的呢？"

详细来说这个问题就是："是的，我们可以那么做，我们可以返回到这个想法，但让我们再花时间看看还能想出什么新方案，然后对比众多的选择方案，从中选出最优的。"

这个问题是你最方便的新思维工具，要养成重复这个问题的习惯。它是思想的撬棍，会把你和其他人带入探索的领域。

2. 为发散思维设定一个结点，在截止之前不要停止

你可能正在和怀疑论者合作，他们没有看到头脑风暴中那些"不可行"的想法。你要向他们保证，发散思维阶段会结束，而且接下来会进入注重实际的收敛思维阶段。给出时间限制，在到期之前不要让大家停止思考（记住，在橙色物品测试中，最后的 60 秒要比最初的 60 秒更具创新性）。

3. 在收敛思维阶段，可独断，可民主，但事先要讲明

面临大量备选方案时，你需要收集大家的偏好，可以通过直接询问讨论或者投票的方式来收集，并确定最终的选择。

- 列出你的选择：

6 个备选方案：

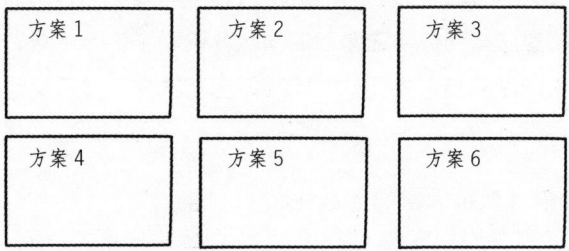

- 每个人用画圆点或贴便签纸的方式投 3 次票。

每人有3票的团队

- 得票最多的那个方案就是该团队的首选方案。

6 个备选方案：

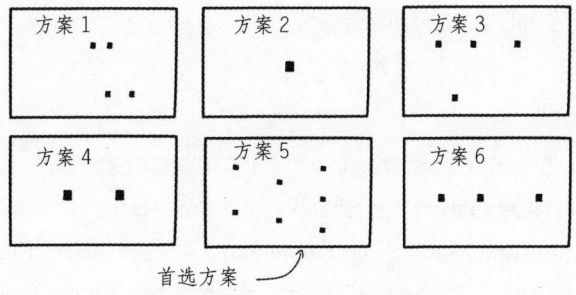

首选方案

或者你可以采用独断的方法来收敛，比如让老板或利益相关者选择他们最喜欢的想法。当你事先对你的团队就说明了这一点时，不会有人介意。你所不能做的是，先让你的团队做出了选择，然后又让老板推翻了这一选择。

4. 通过语言保持大家的创造性

如果你确实在寻求新颖的想法，那么要在收敛阶段一直保持大家对新想法的兴趣，你可以说：

- "记住，我们要的可是之前从未尝试过的想法。"
- "首先想想什么会让我们走得最远，之后我们再考虑它是否实用。"
- "哪些想法如果能顺利实现就会产生惊人的结果？"
- "我们最富创造力的竞争对手目前正在尝试哪些想法？"
- "哪些想法会让我们的客户大吃一惊？"

思考

面对一系列的选择时，你能多快地采取行动？在结束讨论之前，你能否保持开放的心态，多倾听新想法？

参考文献

Gray, D., Brown, S. and Macanufo, J. (2010) Gamestorming: A Playbook forInnovators, Rulebreakers and Changemakers.O' Reilly.

Mueller, J.S., Melwani, S. and Goncalo, J.A. (2010) The Bias Against Creativity:Why People Desire But Reject Creative Ideas. Cornell University ILR School.

Puccio, G.J., Murdock, M.C. and Mance, M. (2005) Current developments increative problem solving for organizations: A focus on thinking skills and styles,The Korean Journal for Thinking and Problem Solving, 15(2), 43 –76.

1.5 时间和空间

为什么

你必须创造时间和空间来应用新的思维工具。

如果大家不能从日常工作中抽身，他们就不会放松身心，就只会考虑实际可行的东西。我在培训创意主持人时说过，如果你的老板对你说"给你 10 分钟，你能主持一次头脑风暴会议吗"，你必须回答说"不能"。

日常工作越以结果为导向，越重视期限，环境越嘈杂，为创造性思维创造不被打扰的时间和空间就越难。

知识简介

我们生活在一个信息超载的时代，我们每天听到或看到的字加起来有 10 万之多。但根据心理学家的说法，我们一次只能关注 7 件事情，所以我们都是多面手。然而，新的研究表明，将注意力从一件事情转移到另一件事情是最耗费脑力的。

更糟糕的是，微不足道的决策占用的神经资源并不比重要的决策所占用的少。因此，从收件箱中删除垃圾邮件耗费的脑力不亚于完成一份报告，而且，一旦你分了心，例如因收件提示而分心，你大约需要 20 分钟的时间才能重新聚焦于手头的工作。

这对创造性思维意味着什么呢？丹尼尔·列维亭指出了两种思维模式。第一种是"任务积极执行网络"模式，在这种模式下，你能完成任务；另一种是"任务消极执行网络"模式或白日梦模式，在这种模式下，你不能真正控制自己的思考方向。这正是你大脑建立新连接的时候，也是你迸发新创意和幡然醒悟的时候。这是你为新思维创造的时间和空间。任何来自日常工作的干扰，不论是电子邮件、微信，还是状态更新，都会使你的大脑返回至"任务积极执行网络"模式。

如何做

1. 关于创造合理空间的提示

- 征得团队或老板的同意后，每个人都脱离"办公状态"，其间不要检查电子邮件或微信。

- 确保自己远离办公桌，因为这个空间与日常工作和我们的"任务积极、执行网络"思维密切相关。

- 尽管需要安静和不受干扰，但不寻常的空间能带给你更多刺激。

2. 关于创造合理时间的提示

显而易见的想法会首先闪现，因此，若你只有 10 分钟的时间，就只能得到显而易见的想法。创造性思维要获得最佳结果，至少需要 45~60 分钟的时间。

- 发散思维和横向思维发挥作用需要时间，特别是当人们尚不能熟练运用它们时。

- 收敛思维发挥作用也需要时间。如果不为这些阶段留出足够的时间，你将无法明确地执行后续的步骤。

- 排定行动顺序并执行（见下面的表格）。

时间	行动
5 分钟	简介
10 分钟	提出挑战
30 分钟	发散 / 横向思维工具
10 分钟	讨论和收敛
5 分钟	后续的步骤

思考

你认为为新思维创造出不受干扰的时间和空间有多难？要摆脱"任务积极执行网络"的思维模式需要多长时间？

参考文献

Hertz, N. (2013) Eyes Wide Open: How to Make Smart Decisions in a ConfusingWorld.William Collins.

Levitin, D.J. (2014) The Organised Mind: Thinking Straight in an Age ofInformation Overload. Penguin Books.

1.6 团队动态

为什么

想法是由个人提出的，但其是否被采用却是由团队决定的。在一个优秀的团队里，人们需要倾听彼此的想法，并融合不同的世界观。一个糟糕的团队会以"这不是我们惯常的做法"为由过早地扼杀一些创意。

影响团队动态的因素很多，包括时间和空间（见上面的 1.5 节）、团队的规模、外向者和内向者的构成、高层领导的态度、会议主持人或领导者的技能等。

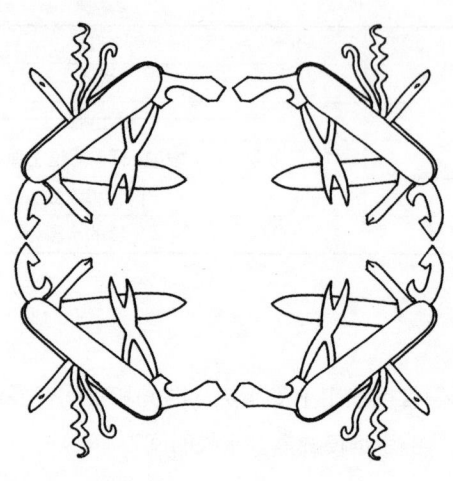

人们工作方式的自主权会很大程度地影响他们承担复杂创意项目的意愿。

知识简介

如果你想激励一个富有创造力的团队，那就设定一个明确的目标，然后给他们尽可能多的自主权。当问题解决者自己有机会影响工作任务、工作时间、工作技能和共事的人员时，他们的工作会更出色工作。谷歌的人力资源部主管拉兹洛·博克奉行这样的自主性原则：给予别人的信任、自由和授权要略多于让你感到舒服的程度。如果你没有感受到紧张，那说明你给的还不够。

参加创造性会议的人非常重视地位和声誉。你必须向他们言明，他们不必过于拘谨。笑声有助于释放大脑压力，从而建立新的连接。会议中的高层领导必须清楚地表明，他们不是来这里行使权力的。内向者需要感觉到，他们默默表达出来的想法与外向者大声说出来的想法同等重要。

如何做

1. 扩大你的自主性

问自己和团队下列问题：

大家在工作各个方面的自主性有多大？	让大家根据自己的经验对自主性进行评分，不要认为你已知晓了答案
为实现既定的目标，你能给大家多大的自主权？	阐释你的目标极其重要性，设定参数后，给予大家自由
当大家更自主地开展工作时，你如何防止个体间的过于孤立？	不受严格的办公时间约束时，良好的沟通、共同的价值观和企业文化会变得更加重要
当每个人都更自主地开展工作时，你如何衡量取得的进展？	当大家知道自己必须为项目中的不同时间节点负责时，他们不太可能会吃白食
可以在哪里测试更加自主的工作方式？	尝试新的工作方式 90 天，经审核有效后，进一步推广

2. 计划你的下一次创造性会议

- 破冰。笑声能消除紧张情绪，遏制自我膨胀，让大脑建立新的连接，所以要运用破冰方法（网上有很多）。

- 规模很重要。进行分组能帮助那些在一大群人中一言不发的人表达自己的看法。根据经验法则，人数超过 4 的小组难以让每个人都充分地参与讨论。不过必须留出小组向大组反馈的时间。（更多的提示详见第 4 章）

- 内向者和外向者。内向者往往坚持一个想法，直到其完美为止，而外向者为避免冷场会口不择言。除非你能管控好局面，否则一类人的声音会淹没另一类人的。有关写作和默默工作的工具能够帮助内向者作出同样大的贡献（见 4.3 节）。

- 对各种想法一视同仁——首先，你在不同的阶段都必须乐于接受所有的想法，不管是好的，差的，还是无关紧要的。如果你表现出了某种偏好，人们就会开始猜测你"真正"想要什么。此时，你只要回复一句"不错，但其他的呢"即可，在发散思维阶段结束时，要明确表达你现在要开始选择最佳的想法了。

- 如何对待头脑风暴会议中的高层领导。有多少高层领导会如"团队中的成员"一样行事？即使他们能做到这一点。有多少基层员工能忘记自己是在跟老板说话？除非你们的老板非常有趣，非常放松，否则，他的存在会阻碍新想法的自由交流。让你们的高层领导在会议前 10 分钟到场做个铺垫，在最后的 10 分钟倾听你的最佳想法。

- 利用协助者。如果你本人就是高级领导者，可以考虑让一位协助人员主持会议。

- 保持沟通渠道畅通。运行良好的创造性会议会吸引充满奇思妙想的人。有时候，他们的想法是在回家的路上或者淋浴时闪现于脑海的。告诉他们，任何时候都可以把新想法告诉你。

思考

对自主性的审核结果有没有令你感到惊讶？如果你给予了大家更大的自主权，结果会如何？在新原则的指导下，你的创造性会议效果如何？其他人有无进步呢？

参考文献

Bock, L. (2015) Work Rules! Insights from Inside Google that Will TransformHow You Live and Lead.John Murray.

Cain, S. (2013) Quiet: The Power of Introverts in a World that Won't StopTalking. Penguin Books.

Davies, S. (2013) Laughology: Improve Your Life with the Science of Laughter.Crown House Publishing.

Pink, D. (2011) Drive: The Surprising Truth about What Motivates Us. CanongateBooks.

1.7 选择适合的工作工具

创造性思考是一个包含了不同阶段的过程，每一个阶段都需要你提出问题，也需要能帮助你推进工作的工具。忽视这些，便容易陷入困惑和失败，最终产生毫无价值的想法。

那么，你的项目现在处于哪一阶段呢？你需要什么样的工具呢？

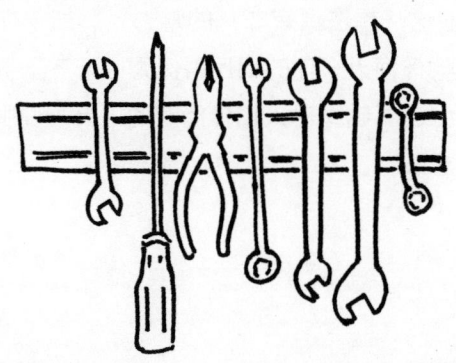

你能回答下列问题吗？

- "我们当初为什么要做这项工作？"当答案不明确时，需要时不时地提出这个问题。不要从老板那里接受含糊不清或无聊透顶的创造性挑战。运用第 2 章的工具来确保你的使命清晰且令人振奋。

- "这个挑战吸引人吗？"如果答案是否定的，那原因是什么呢？当你谈论自己的项目时，你希望人们能洗耳恭听，而不是翻白眼。运用第 3 章介绍的工具来发起一个引人注目的迷人挑战吧！

- "我们确实在奋力寻找新想法吗？"如果很多人给出了肯定的答案，那么这说明你们确实在这么做。运用第 4 章介绍的工具帮助你搜集尽可能多的想法。

- "这个想法是否极其强大？"如果你已经获得了出色的想法，

就不要再让人们进一步提新想法了。测试这个想法，仔细寻找其弱点。第 5 章和第 6 章的工具将帮助你培育优秀的创意并剔除糟糕的想法。

- "我们怎样才能在下一次做得更好？"这是学习型组织的标志性问题。第 6 章介绍了引出新想法失败时可使用的工具。

- "如何使这一想法具有非凡的魅力？"如果你无法将信息传递给其他任何人，你的项目再优秀也无济于事。运用第 7 章介绍的源自卓越宣讲人和传播者的工具，说服最重要的人接受你的想法。

第 2 章

你的创造性任务

2.1 想象一个没有你的世界

想象一个没有你的世界。人们会因此错过什么呢？我指的不是你个人，而是你从事的项目从来都不存在时，人们会错过什么？

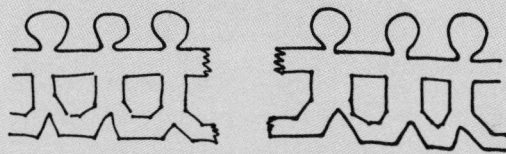

想象一个没有你的世界

运用这一方法能让你"停下来思考"，这可能是确定你的创造性任务的第一步。你要明确自己迈向的目的地在哪里，你为什么要去那里？在出发之前就明确这一点至关重要。正如美国棒球运动员尤吉·贝拉所说的："当你不知道自己要去哪里时，你必须非常小心，因为你可能到达不了目的地。"

在一个没有你的项目的世界里，人们会错过什么？找出你的价值所在，并将其视为你任务的一部分。

照着做

思考一个人、一种产品或服务对你来说意味着什么？如果它们不存在，你会错过什么？你希望人们如何看待你？

2.2 提问"为什么"

　　丰田的经典"五问法"是为了探寻工程师所遇问题的根本原因而设计的，你也可以运用它探索激励你的核心原因或者挑战背后的真相。

照着做

回顾你真正热爱的项目，你清楚自己为之努力的原因吗？

2.3 你的问题是什么

　　找准问题就如同发现路上的障碍物一样。什么也不做的话，你会走进死胡同，但你可以借助医疗界的一个工具重构问题，使之具有开放性。

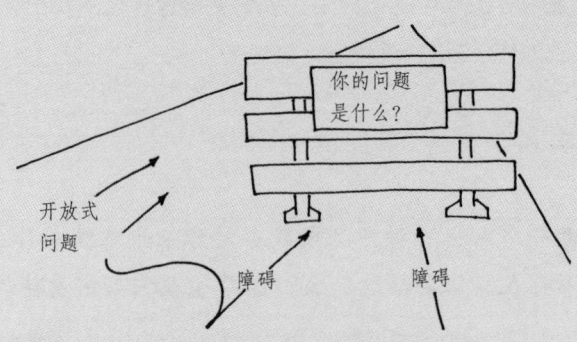

也就是说，可将"我们没有时间"转变为"我们怎样才能腾出时间完成这项工作"，将原来的问题转变为开放式问题就好像是找到了可以绕过障碍的路径一样。你的下一个挑战是探索这些路径。

照着做

想想你面临的最大问题，你觉得要如何探索解决之道？

2.4 蜥蜴、黑猩猩和商业管理人员

流行科学能帮助你探索有关项目的关键信息在人们头脑中的位置。我们的大脑是进化而来的。我们的爬行动物脑或是说蜥蜴脑控制着恐惧和欲望，我们的黑猩猩脑控制着身份和情感，我们的商业管理人员脑处理逻辑和推理。

蜥蜴、黑猩猩和商业管理人员

可能有人要求你从逻辑和推理的角度来论证项目，但是，在你需要说服的人的脑海里，各种各样的希望、恐惧和欲望可能在盘旋。为适应不同的受众，你可能需要调整方法。

照着做

你对项目的最大希望是什么？你最担忧的是什么？你是根据逻辑论证还是直觉得出的结论？

2.5 四种观察视角

这种方法源于美国军队，它能帮助你将重要的人置于你创造性使命的核心位置。

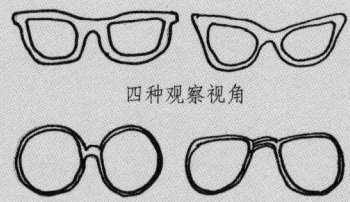

四种观察视角

通过"四种观察视角"，你能了解你看待自己和看待别人的差异，并与其他人如何看待他们自己和如何看待你进行比较。运用这种方式能够弥合不同视角之间的差距。

核查有关客户、受众或利益相关者的假设至关重要，错误的假设是导致许多项目失败的核心原因。

照着做

哪些利益相关者确实对你和项目的成功至关重要？你对他们了解多少？他们对你了解多少？

2.6 给予与索取

如果你正着手确定创造性任务，那么这是一个统一团队思想的机会。生成"给予与索取"矩阵能让你明确每个人需要什么以及谁可以帮助他人，这样你很快就能发现给予者和索取者之间工作量的失衡，这也是明确角色和责任的绝佳方法。

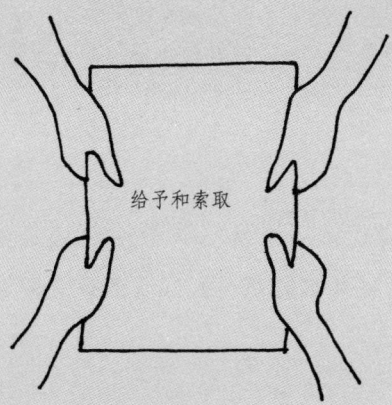

给予和索取

随着项目的推进，要持续地更新矩阵。要将其展示在团队成员可见之处，以便提醒他们对彼此的承诺。

照着做

谁会成为项目的给予者，谁会成为索取者，对此你是否已了然于胸？这一认识是基于经验还是猜测？

2.7 表述的简洁性

用 140 个字总结你的项目的重要性，不要使用行话。明确和令人信服的任务目标就是你的指南针、路标和码尺。

简洁性

你的任务陈述要清晰明确，因为随着项目的开展，你要反复提及它。即使人们之前已经听过，它也要具有足够的吸引力才能引起反响。

照着做

想想你以前从事的项目，它们有明确设定的任务目标吗？你认为这些任务目标是引人注目的还是堪称累赘的？

详解

2.1 想象一个没有你的世界

为什么？

想象一个没有你的世界，人们会错过什么？

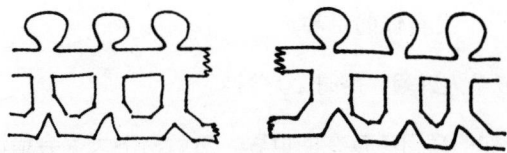

想象一个没有你的世界

这是一个关乎存在性的深刻问题，它迫使我们关注正在做的核心事项及其原因。

我们很难用胡萝卜加大棒的方式激励人，但无论我们是从事什么样的工作，当我们能够看到自己所做的事情在更广阔的世界中的价值时，我们都会更加动力十足。

知识简介

乐高（LEGO）在困难时期就采用了这种方法。受制于电子游戏兴起的冲击，乐高推出了一系列全新的业务，例如开零售店、建主题公园、拍电视剧和推出活动人偶等。在"失控的创新期"，公司的成本上升，利润下降，到 2004 年已到了濒临破产的境地。乐高的首席执行官托莫德·埃斯科森及其领导的高层团队问道："乐高为什么会存在？如果乐高倒闭了，世界会错过什么？"

答案指向了两次业务：积木和积木搭建系统。只有乐高能让孩子们发挥灵活性，让他们按照说明书或者根据自己的想象无限制地组合积木，这一洞见帮助乐高明确了其核心的使命。公司重新发现了自己的魔力，局势随之稳定，并实现了快速的增长。

谷歌有一个很明确的使命，即组织全世界的信息。这一使命使谷歌从激烈的竞争中脱颖而出，并使谷歌聚焦于利润以外的目标。正如谷歌人力资源主管指出的，这也是一个永无止境的使命，因为挑战会不断增加，而这也正是谷歌"按指南针而非速度计的指引前进"的原因。

如何做

1. 想象一个没有你的世界

· 集体或个人练习，用时 20 分钟。

想象一个你的项目不存在的世界，然后写下大家会错过的一切，这些人包括同事、顾客或其他任何人。继续写下去，在 10 分钟内尽可能地多写。思考这一问题：是什么令你如此特别？

假设你的项目是通过建立一个新培训中心来促进员工发展的。正如下页中的例子所显示的那样，你可以写出不继续这一项目时可能错过的一切。现在划出所有你认为重要的原因，看看连接它们的共同主题是什么么。你能把这些主题转变成你的使命吗？

所以，你可以将划线部分变成如下的陈述：

"我们的培训计划将保持员工对公司的忠诚，因为这里是让他们保持最新技术技能的最佳场所。"

或者：

"没有人想被落下，培训能使公司保持竞争力，使每个人的技能不过时。"

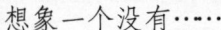

想象一个没有……

员工培训中心的世界

· 消极的员工

· <u>员工离职并为竞争对手工作</u>

· 依靠自由职业者

· <u>竞争对手生产出更好的产品</u>

· 不能向新员工传承技能

· <u>更难引进新技能</u>

· <u>停滞不前</u>

· 更难改进缺陷

· 更难奖励有上进心的人

· 浪费了能培训他人的员工的技能

2. 如何按指南针而非速度计的指引前进

· 集体或个人练习，用时 30~40 分钟。需要便签纸、工作表。

对此练习：

· 为每个人画出一个目标指南针；

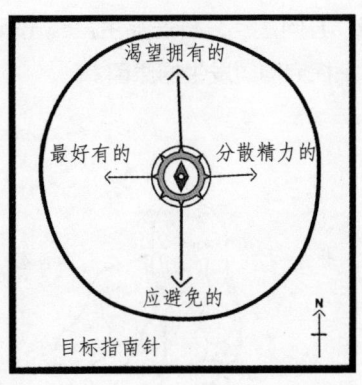

- 每个人在各自的便签纸上写下项目渴望拥有的、最好有的、分散精力的或应避免的所有因素。

- 10 分钟后，把人员集合起来，根据大家的个人想法画出一个大型的目标指南针，这需要经过讨论并达成一些共识。

- 再过 10 分钟后，聚焦于你应该迈向的、最重要的、值得拥有的长期性目标（见 1.4 节有关收敛思维的提示）。

思考

想象一下，若你的项目不存在，你会是什么感觉？这样做能否让你剔除不重要的事项，从而专注于必要的事项？

参考文献

Bock, L. (2015) Work Rules! Insights from Google that Will Transform How YouLive and Lead.John Murray.

Robertson, D. (2013) Brick by Brick: How LEGO Rewrote the Rules ofInnovation and Conquered the Global Toy Industry. Random House BusinessBooks.

2.2 提问"为什么"

为什么

丰田公司最早用"五问法"分析产品生产线出问题的根本原因，你也可以运用这种方法来探究问题发生的原因。

维基百科对"五问法"的介绍是,"用来探索因果关系的重复提问技能"。我称其为"知悉你内心 4 岁孩子的工具"。是时候与那个不断提问"为什么"、几乎让父母发疯的孩子建立联系了。

知识简介

面对棘手的问题时问问"为什么"能帮助你在更广泛的背景中重述最初的问题,让你找到更广泛的潜在解决方案。

问"为什么"可以防止你解决错误的问题。它可以把原来的问题分解成一系列相关的小问题,其中的一个小问题可能会提供最佳的解决方法。你应该尝试着去发现这些相关问题的共同点和联系,然后用"我们怎样才能……"句式重新表述最大的问题。"你应当有意识地花时间质疑你对问题的第一印象,"作家罗杰·法尔斯泰因说,"事实上,这是你发现并解决真正的问题的唯一方法"。

如何做

1. 运用"五问法"

- 集体或个人练习,用时 30~40 分钟。

为此练习:

- 拿出一张大白纸,在中间写上你为项目(如新的员工培训中心)确定的任务。然后问自己"为什么",并在任务陈述的下方写出答案。

- 接下来再问 4 个"为什么"。

- 提出第 5 个"为什么"时,你要进入更深层次的情感领域。试着去探索人们的需求和价值观——这是他们能感觉到却很少讨论的方面。

- 现在重新开始问"为什么"。

> **提示**
>
> 给这个练习增加点新花样，提出下列问题：
> - 为什么这个项目很重要？
> - 我为什么要在乎这个项目？
> - 为什么别人应该在乎这个项目？

2. 评估和重述

- 集体练习，用时 10~20 分钟

用 10 分钟时间看看所有的答案并找出你认为值得进一步探求的见解。让小组成员投票（见 1.4 节）选出他们认为最重要的三个原因。

寻找焦点和热点，找出联系和共同的主题。用"我们怎样才能……"句式重新表述问题。示例如下所示：

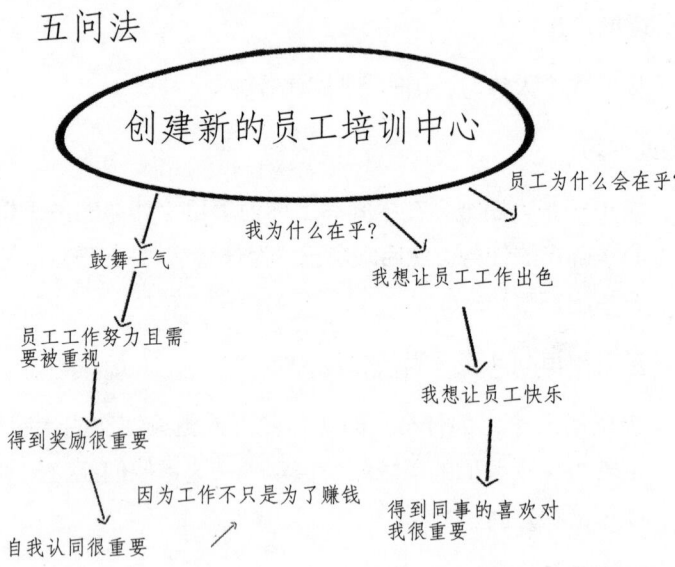

五问法

创建新的员工培训中心

员工为什么会在乎？

我为什么在乎？

鼓舞士气

我想让员工工作出色

员工工作努力且需要被重视

得到奖励很重要

我想让员工快乐

因为工作不只是为了赚钱

自我认同很重要

得到同事的喜欢对我很重要

"我们怎样才能将培训提升为员工的非现金福利？"

"我们怎样才能让经理们知道培训有助于他们建设和谐的团队？"

思考

通过重复提问"为什么"来剖析你面临的问题有多容易？如果你已经知晓了答案，这种方法能很容易地适用于你的项目吗？

参考文献

Firestien, R. (1996) Leading on the Creative Edge: Gaining CompetitiveAdvantage through the Power of Creative Problem Solving. Pinon Press.Parnes, S. (1981) The Magic of Your Mind. Creative Education Foundation.

2.3 你的问题是什么

为什么

想想看，当你遇到一个问题时，你是否会马上着手解决它？

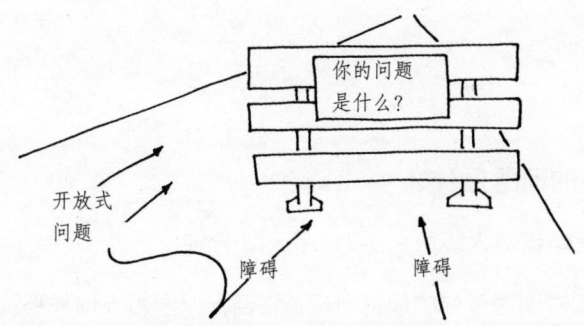

或者当问题比较棘手时，你是否为了寻求破解之道而沉思良久？

你是否经常对问题提出质疑？是否经常质疑问题的表述形式？

知识简介

根据罗杰·法尔斯泰因的研究，"以你认为可以解决的方式描述问题至关重要"。当然，你一开始并不知道什么问题是可以解决的，如果你知道的话，那它就不是问题了。法尔斯泰因的方法是，将所有的问题都重新表述为"我们怎样才能……"式的问题。

如果有人向你提出了这样一个问题：我们预算不足。你可能同意也可能不同意这一问题，但之后你就被卡住了。将这一问题重新表述为开放性的问题是：我们怎样才能找到可带来资源的合作伙伴？这样做会激发想象力，而且暗示了可能的出路。

重构问题能够疏导你的思想。心理学家丹尼尔·卡尼曼认为，我们有两个思维系统在运转：

- 系统 1 通常根据直觉快速地作出决策。
- 系统 2 根据逻辑和理性缓慢地作出决策。

我们需要有意识地重构问题，原因在于：

"重构需要付出努力，我们的系统 2 通常是懒惰的。除非有明显的理由，否则，我们大多数人都会被动地接受既定的决策问题。"

（卡尼曼，2011）

如何做

1. 你的问题是什么

- 集体或个人练习，用时 50~60 分钟。

在页面中间写下你的项目目标，在目标周围写下你最担忧的所有问题。将每个问题都重述为开放式问题，即"我们怎样才能……"式的问题，尽量将每一个问题剥离成至少两个小问题。

再次以创建新的培训中心为例：

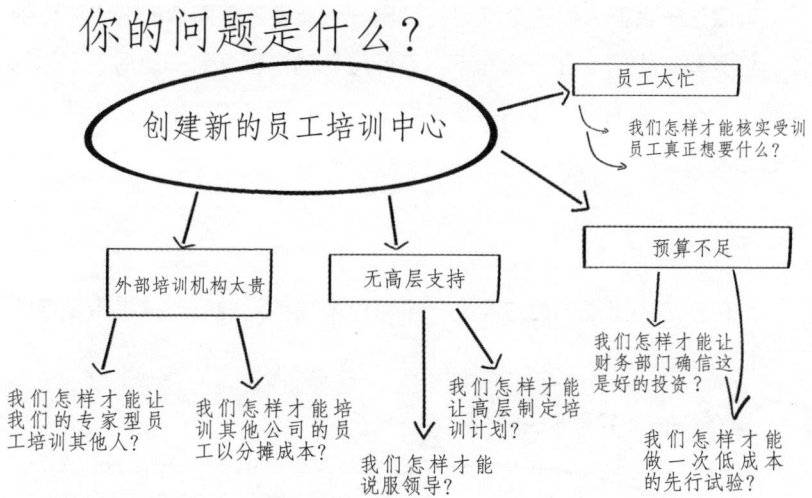

这时有无共同的主题浮现？你能否看得出更容易解决的问题？你能否看出任何有希望的路线？你能否将宏大的问题分解成简单的小问题并逐个加以解决？

你可能会想到答案了，但就算你只是获得了一系列好问题，也算是取得了进步。接下来要决定先处理哪个问题了。

提示

如果是大家都想到了但无人言明的问题，那么现在是时候把它摆到台面上了。把它写出来，并重构为开放式问题。

2. 将"五问法"和"你的问题是什么"结合起来[1]

· 集体练习，用时 40~50 分钟。

将上面的练习与"五问法"结合在一起，你能看出二者的联系或共同点吗？

---

1. 改编自法尔斯泰因（1996）。

可以让一大群人做这个练习。拿出一张能覆盖整面墙的纸，将你的项目任务写在中间。在一边写下"五问法"的内容，另一边写下"你的问题是什么"的内容，然后寻找二者之间的共同点和联系，从中找出工作的出发点。

思考

当在你之前卡壳的地方看到一个可以解决的问题时，这是否是你的突破性时刻？

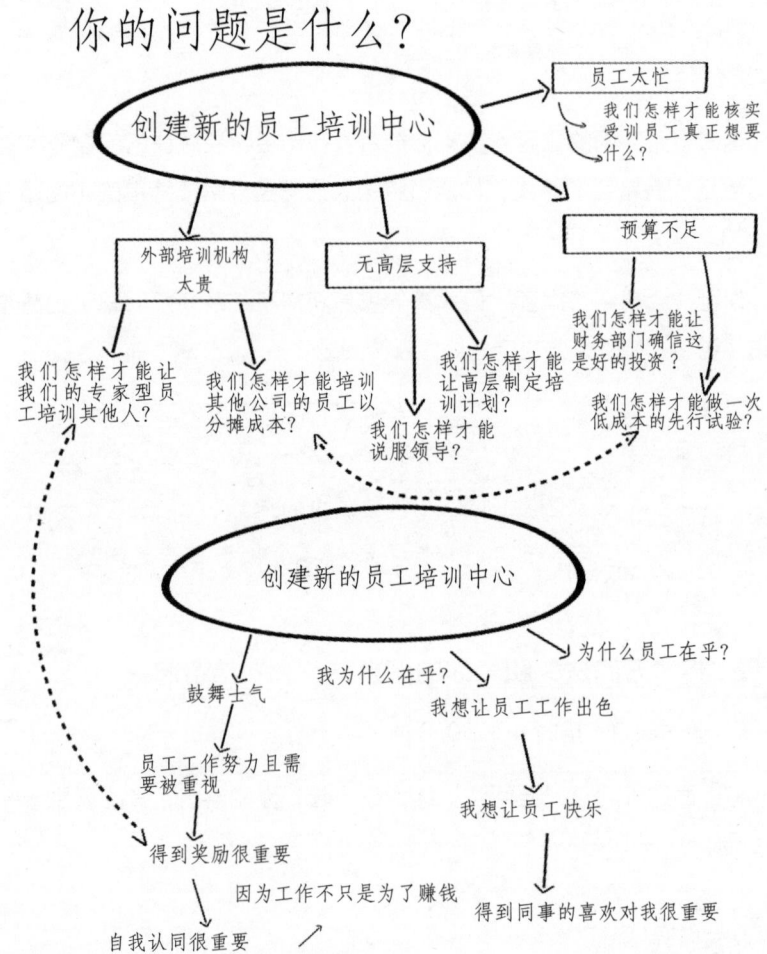

参考文献

Firestien, R. (1996) *Leading on the Creative Edge: Gaining CompetitiveAdvantage through the Power of Creative Problem Solving*. Pinon Press.

Kahneman, D. (2011) *Thinking, Fast and Slow*. Penguin Books.

2.4 蜥蜴、黑猩猩和商业管理人员

为什么

你的项目信息会落在你大脑中的哪个位置，是在蜥蜴区、黑猩猩区还是商业管理人员区？[2]

蜥蜴、黑猩猩和商业管理人员

我们的蜥蜴脑是最先进化的区域，它处理的是恐惧和欲望。

我们的黑猩猩脑痴迷的是将灵长类动物聚集在一起的社会黏性，即情感和身份。

我们的管理人员脑是大脑中的高级区域，是唯一处理逻辑和理性的部分。

诉诸蜥蜴脑是有效的，但可能会激发出强烈的反应。要避免负面的反应，你就得重构自己的语言（比如将"害怕失去工作"调整为"渴望工作稳定"）。

用管理人员的语言来描述战略文件会更好一些，但这样做可能会让人感觉沉闷。为了迎合你的受众，你可能需要重构你的任务。

---

2. 它们广为熟知的名称是杏仁核、皮质和大脑新皮层。"蜥蜴脑"一词于 20 世纪 60 年代提出，之后经过了大幅度的修改（一些蜥蜴非常聪明，大脑中形成了情感连接）。

知识简介

早期有关人类动机的研究将我们的欲望划分为"基本的"和"高级的"两类。亚伯拉罕·马斯洛提出了一个内容更加广泛的理论。他认为：一旦我们的基本需求得到满足，我们就会开始寻求高层次需求的满足。

来源：马斯洛于1943年所著的论文《人类动机理论》。这里引用的内容属于公共知识

后来的研究者将他的五个需求层次归结为三个，即生存、相互关系和成长。哈佛大学的研究人员保罗·劳伦斯和尼廷·诺里亚认为，我们会被迫满足 4 种基本需求：获取、结合、理解和防御。这四种需求推动我们的行为随时间的推移而变化，而且不同的需求可能相互矛盾，这正是人类的生活和选择变得如此复杂的原因。

如何做？

1. 蜥蜴、黑猩猩和商业管理人员

· 集体或个人练习，用时 20~30 分钟。

将一张纸分成三个部分：蜥蜴、黑猩猩和商业管理人员。在顶部用最多 140 个字写出你的任务，然后写出对应于大脑各个部分的需求描述。

我们怎样才能让培训给员工和管理人员带来好处？	
蜥蜴：恐惧和欲望	我想要一份更好的工作 我不想失去工作 我怕我的技能过时了
黑猩猩：情感和身份	我想成为技艺精湛之人 我想让他人瞧得起我 我想更愉快地工作 我想减小压力 我妒忌那些技艺比我高超的人
商业管理人员：逻辑和推理	培训能提高积极性 培训使我获得可传授的技能 培训令我更容易另谋高就 培训比招聘的成本低

2. 根据四种需求详细规划你的项目

- 集体或个人练习，用时 30~40 分钟。

写出四种需求，然后看看你的项目如何满足这些需求。在收集出最佳的方案之前，要尽可能多地写出备选方案。

我们怎样才能让培训给员工和管理人员带来好处？	
获取	挣更多的钱……得到提升……另谋高就……促进事业发展……
结合	赢得尊重……感觉更像是公司的一部分……将技能传承给其他人……
理解	精通技艺……获得新技能……为更有意义的工作打开机会之门
防御	确保技能永不过时……保护自己不被炒鱿鱼

来源：基于劳伦斯和诺里亚（2002）的研究

思考

看看两个练习的结果，你有没有发现共同点？你会对核心的创造性任务作出何种调整？是什么原因让你想要开展这个项目？哪些主题会让你的项目对客户或利益相关者产生不可抗拒的吸引力？

参考文献

Kremer, W. and Hammond, C. (2013) Abraham Maslow and the Pyramid thatBeguiled Business.BBC World Service.

Lawrence, P.R. and Noria, N. (2002) Driven: How Human Nature Shapes OurChoices. Jossey-Bass.

2.5 四种观察视角

为什么

无异议的假设可能会使任何项目偏离正常的轨道，因此，任何时候都有必要核查你与目标受众是否合拍，最好的办法就是与他们进行面对面的交流。想象一下其他人会如何看待你的项目，这样做对你大有裨益。

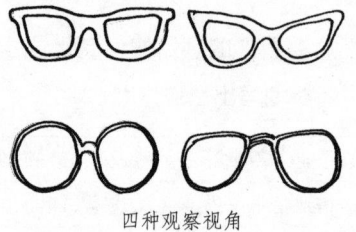

四种观察视角

知识简介

美国军方的分析师在审视入侵伊拉克留下的烂摊子时意识到，他们犯了一个根本性的错误。联合部队曾多次向伊拉克人保证，萨达姆政权被推翻后，伊拉克会变得更加美好。但正如美军上校拉尔夫·贝克所发现的那样："事后证明，'更加美好'的观念是我们的一种可怕的文化误解。我们是解放者，没有被残忍的独裁者统治过。相比之下，对伊拉克人而言，美好的生活指的是有稳定可靠的电力、食物、医疗、工作保障，以及不受犯罪行为和政治暴徒侵扰的安全保障。"

现在，世界各地的军队在采取行动之前，都会运用红队（Red Team）分析师来测试假设前提的正确性。一个常用的红队分析工具是文化认知框架（又称"四种观察视角"），军队用它来限制"反射"思维，即一方认为其他方的思维与自己一样。

如何做

文化认知框架——四种观察视角

- 集体或个人练习，用时 30~40 分钟。

将一张纸分成 4 个方框，在方框里分别写下：

1. 你如何看待自己？（你的价值观，你为什么做这个项目？）

2. 其他人（你的客户／同事／观众）如何看待自己？

3. 其他人如何看待你（和你正在进行的项目）?

4. 你如何看待其他人？

1. 你的自我评价 —工作努力 —想做高质量的工作 —乐于助人 —想让这一项目获得成功	2. 其他人的自我评价 —工作过量 —没有足够的时间培训或发展 —压力过大 —力求上进 —太专注于"日常工作"
3. 其他人对你的评价 —重目标而不是人 —不确信你对培训是认真的	4. 其他人对他们的评价 —不愿意进行培训 —不能利用现有的机会

这个例子预测了各方对创建新的员工培训中心计划的反应。

现在问你自己以下两个问题：

1. 关于你对其他人的了解，你认为有多少是事实，有多少是假设？

2. 你如何缩小自己和其他人对项目的认知之间的差距？

思考

通过想象其他人的反应，你能在多大程度上洞察另一个群体的看法？你如何验证他们对你的假设？

参考文献

University of Foreign Military and Cultural Studies (2012) Red Team Handbook. UFMCS.

2.6 给予与索取

为什么？

你是否参加过这样的会议：大家对讨论的事项点头称是，会后却什么也不做。

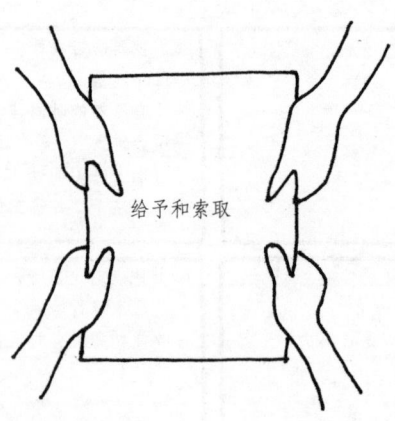

给予和索取

这可能是懒惰导致的，但更可能是"角色不明"导致的，因为大家不知道自己要做什么。这会给工作带来压力，特别是在为短期项目临时组建的团队中。

你应该要么把大家固定好角色，要么找到让他们关注点一致并保持下去的方法。

知识简介

角色不明可被定义为"不能明确特定角色的预期、行为和后果"。早在 1964 年，就有学者认识到，角色不明会造成员工的混乱、紧张，让他们丧失积极性，从而导致员工流失率增大。

但与此同时，创造性项目需要人们能够容忍模糊性和自主性的工作。研究人员指出，"为了激励员工，一定程度的模糊性是必要的，但超过这一限度，结果就是有害的"，因此，需要达到一种平衡。这意味着你可能需要在项目的整个生命周期中多次复盘角色定位和职责分配。

如何做

1. 给予和索取矩阵 [3]

* 集体练习，用时 30~60 分钟。

如果你即将带领一支团队开展工作，那么你可以试试这种工具，用它来确定不同的需求并在纸上写下坚定的承诺。

再次以创建新的员工培训中心项目为例。涉及的人员包括：

A：人力资源主管

B：公司的领导力培训师

C：财务负责人（也就是你）

---

3. 节选自格雷等（2010）。

D：工会代表

让每个人花 15 分钟的时间在一张大便签纸或卡片上写下完成项目所需的一切条件，它们是矩阵中的索取项。

给予和索取
矩阵

	A.	B.	C.	D.
A.	索取 -------- --------	给予 ↓	给予 ↓	给予 ↓
B.	给予 ↑	索取 -------- --------	给予 ↓	给予 ↓
C.	给予 ↑	给予 ↑	索取 -------- --------	给予 ↓
D.	给予 ↑	给予 ↑	给予 ↑	索取 -------- --------

来源：改编自格雷等的研究（2010）

每个人花 5 分钟时间阅读不同的"索取"卡片，之后在垂直列中写下他们有助于"索取"的"给予"。

半个小时后，你将会得到一个给予和索取矩阵，你能从中看出工作量的失衡情况。

2. 你有多含糊不清

根据研究人员确认的四种类型的角色模糊来审视你的项目。你清楚这些方面吗？和你一起工作的人清楚吗？

角色模糊的类型	问题
目标	预期是什么？我应该做什么？
程序	我应该如何完成任务？正确的工作方式是什么？
优先次序	应该完成哪些事项？以什么顺序完成？
行为	我期待会如何行动？什么样的行为会实现需要或预期的结果？

来源：改编自鲍尔和西蒙斯的研究（2000）

思考

在项目推进的过程中，将这一矩阵悬挂在墙上，并不时地进行更新。将已经完成的给予项打勾，需要时可添加新的索取项。在工作场所能看到这一矩阵有助于提醒大家信守诺言。

不要忘了，你可能需要重新审视给予与索取矩阵，以防它在项目的推进过程中变成一种束缚。

参考文献

Bauer, J.C. and Simmons, P.R. (2000) Role ambiguity: A review and integration ofthe literature, Journal of Modern Business, 3, 41-47.

Gray, D., Brown, S. and Macanufo, J. (2010) Gamestorming: A Playbook forInnovators, Rulebreakers and Changemakers.O'Reilly.

Kahn, R., Wolfe, D., Quinn, R., Snoek, J. and Rosenthal, R. (1964) OrganizationalStress: Studies in Role Conflict and Ambiguity. Wiley.

2.7 表述的简洁性

为什么

在微博上发文有 140 个字符的限制，这一限制有其可取之处。如果你能将任务描述浓缩成一条微博，并且使用了任何人都能理解的语言，那么你就做得非常好了。

简洁性

例如，描述这本书的最简洁的推文为："它是助你发现新奇创意、剔除糟糕想法、推广最佳想法的工具。"我还可以为其增加一个行动号召："提升你的创意才华。"此时这段描述的字符数仍少于140。注意，上述推文中没有使用行话或流行语，而且都是常用词。如果你足够努力，表述必会简洁明确。当你的任务表述得不明确时，你的想法可能也不明确。

知识简介

当你想得到不同人的支持时，你会发现自己需要一遍遍地重复描述你的创造性任务。这正是一个简单而出色的想法能得到理解的非常重要的原因。公共演说培训师卡迈恩·加洛建议："在了解细节之前，你的观众需要先了解全局。如果你不能用140个字以内的语言介绍你的想法，那你就要继续努力，直到你能做到为止。"

广告商的用词比推文更少。尽管如此，最出色的广告仍然捕捉到了待售商品背后的独特主张或承诺。根据广告商皮特·巴里的说法，"核心利益点"是优秀的战略陈述的核心，"创造性地说，它是出发点或催化剂……是产品或服务所要代表的东西。"（巴里，2008）。

如何做

1. 简洁地描述你的任务

- 个人或集体练习，用时10~20分钟。需要钢笔和一沓空白卡纸。

怎样练习：

- 在卡纸上写下你的项目任务。

- 不断简化描述，直到字符数少于140个为止，不要使用流行语和行话。

- 写出一版后，接着准备另一版。想象你正面对着不同的观众。

- 比较不同的版本，哪一版最吸引你的注意？

- 让你的项目团队成员也这么做，这样效果会更好。他们眼中的任务可能与你眼中的完全不同，果真如此的话，不要担心，这是在提醒你，你需要检查假设前提了，当然，你也要核实团队成员的主意是否更好。

2. 向广告商一样思考：你的"核心利益点"是什么

在你的核心任务中，一个最主要的利益点是什么？你的独特主张是什么？

3. 路标和标尺

做对了的话，你的任务描述会发挥路标和标尺的作用。清晰的任务描述能给人指出正确的方向，而且当大家沿着正确的方向做正确的事情时，它能衡量大家的进步。必须作出关键的决策时，你可以问自己"这能帮助我们完成任务吗"，若不能，为什么还要选择它呢？

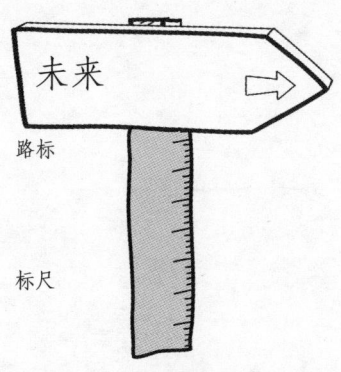

4. 检查你的目标指南针

翻看 2.1 节的内容，比较你的任务描述和目标指南针，它们互相匹配吗？

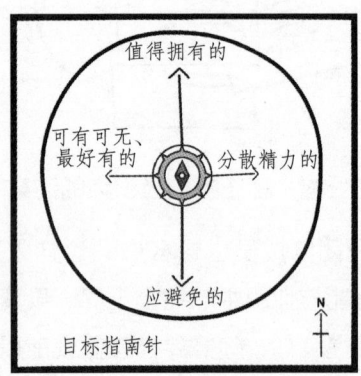

不管日常形势发生什么变化，大家都能通过它们看出大局吗？它们能指引大家朝正确的方向前进吗？

参考文献

Barry, P. (2008) The Advertising Concept Book: Think Now, Design Later. Thames& Hudson.

Gallo, C. (2014) Talk like TED. The 9 Public Speaking Secrets of the World's TopMinds. Macmillan.

第**3**章

洞见和钩子

3.1 这很有趣

良好的洞察力可以让创造性过程的其他环节变得更简单，但正如科学家兼作家艾萨克·阿西莫夫所说的："科学研究中听到的最令人兴奋的、预示着新发明的话不是'我找到了'，而是'这很有趣'"

现在，是有趣还是古怪并不重要，两者都是大脑发出的信号，预示着某些事物不符合人们看待世界的惯常方式。"这很有趣"的感叹预示着你的假设动摇了。

若放任不管，这些动摇的假设会让你心痒难耐，你可以挠挠痒，对假设提出质疑，然后提出全新的想法。

本章的其余部分将介绍让你发出"这很有趣"这一感叹的工具，"有趣的"可能是数据，也可能是人。

照着做

　　写下你对当前项目的洞见，将其与阅读本章后得到的洞见进行比较。

3.2 戳破你的过滤泡沫

　　你可以从有关局势的确凿事实中或从驱动人们的强烈情绪中获得洞见，两者都有扭转局面的力量，都能迫使你重新思考，但在此之前，你必须做一件非常重要的事情：戳破你的过滤泡沫。

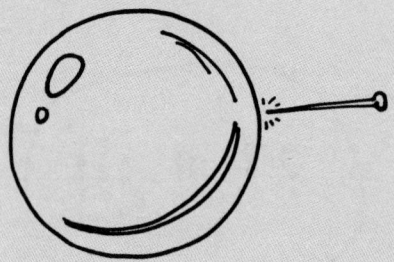

　　我们从智能手机、社交媒体和网络搜索中获取的信息都经过了算法的过滤，即算法会根据我们过去点击过的内容向我们提供更多同类信息。尽管这个过滤泡沫非常方便，但它确实会损害你的创造性思维。这就好比你被这样的一群朋友包围着：他们只讲你想听的信息。

　　你要努力使数据多样化，这需要你尽可能地保持开放的心态，但通常来说，做到这一点很难。

照着做

　　去报摊、书刊杂志架前看看，买一本你正常情况下永远不会阅读的出版物，《休息一会》或是《垂钓时报》都可以。仔细阅读，试着弄清楚编辑们赖以工作的假设和世界观是什么，他们的和你的有何不同？

3.3 建立连接

　　新的想法和突破可能会突然闪现，也可能被逐渐意识到，但它们通常都是以新方式连接现有信息的结果。我们必须对新信息保持开放的心态，随时准备发现任何洞见。要增加发现新连接的机会，我们必须先关注自己的网络。

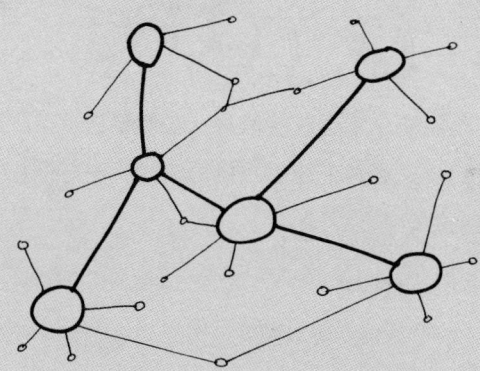

　　就像神经元连接时我们脑子里会形成想法一样，与新人建立联系时，我们的团队内也会产生创新。健康的头脑需要大量的不同刺激和思考时间来理解一切，健康的工作场所也是如此，需要大量的连接和时间来完成工作。

照着做

你这周与多少新人建立了连接？你今天如何与一个新人建立连接？

3.4 利用矛盾

创新不只是一个结合旧思想来创造新思想的顺利过程，有时候还必须彻底打破过去的传统，摒弃旧观念。

当新现实拒绝适应旧模式时，科学革命——范式转变就会爆发。看待世界的旧方式必须给新方式让路。矛盾是某些事物拒绝适应新方式的信号。

好消息是，我们能注意到这些信号。我们是从具有威胁意识的狩猎者进化而来的，这意味着我们能够根据异常情况进行调整，毕竟，意想不到的新威胁出现的概率很大。

坏消息是，我们试图忽视、淡化和掩盖这些信号。当面临明显的矛盾时，截止日期的压力、身心疲倦、等级制度、名誉、自我和传统都会阻碍我们。

照着做

快速写下这一问题的答案：

- 摩西带上方舟的动物中，每一个种类各有多少？

- 答案：

你的异常雷达是怎样调整的？这个问题的答案是"没有"，因为将动物带上方舟的是诺亚而不是摩西。"摩西错觉"迷惑了很多人，因为他们受《圣经》的蒙蔽，认为接受摩西是常态。由此可见，发现矛盾要比预想的更困难。

3.5 实地考察和鲜度保持

绝佳的创意很少是在办公桌前想出来的，它们不会自行从屏幕里跳出来，而是来自生活。当你面临真正棘手的挑战时，当你需要提出大胆的新想法时，你就应该离开办公室了，这正是你与你想要改变的世界面对面接触的时候。花钱虽然可以买到最出色的市场研究报告，但与现实的生活经历相比，它们是单调且肤浅的。

你可以尽可能多地收集有关你的项目的资料、图表、故事和统计数据（事实上，你应该这么做，这是你的分内之事）。但是，如果你能走出办公室，现场考察你的项目，哪怕就一个下午，你也会获得更高质量、更深层次的认知。把它视为一次实地考察，确保在整个期间多看、多听、多想。

实地考察能够补充你的"鲜度储量"。成功的创新型人才都知道，他们的下一个想法依赖于大脑所需的内部资源。只要我们注意到一些鼓舞人心的事物，我们就会将它们存档，并将它们转变成图像、概念、事实和符号。工作一段时间后，你就会开始消耗鲜度储备，你的思想开始变得陈旧和单调乏味。

照着做

什么样的现实经历最接近你正开展的项目？你从哪里可以观察到与你正试图改变的事物一起生活的人？你最近一次为了学习或获得新奇感而看到新事物是什么时候？

3.6 我的动机是什么

到目前为止，我们已经谈及了如何从不寻常的事实中产生洞见。不寻常的事实指的是，当你研究项目时，脑海里出现的新连接或令人困惑的矛盾。另外一个重要的洞见源泉是情感，它从本能的层面激励和推动人。

询问大多数人他们喜欢某些事物或某种行为方式的原因不会让你增长多少见识，相反，你必须像侦探一样，学会提出间接的问题，而且要区分人们所说的和他们真正要表达的意思之间的差异。

事实上，我们大多数人很少承认我们做事的动机，所以，如果你想获得情感方面的洞见，就必须对不明显的迹象保持敏感。令人高兴的是，市场研究人员、焦点小组领导人甚至人类学家都可以提供帮助，带来很多提示。试试这些提示，因为没有什么比获得自己的洞见更让人心满意足的了。

照着做

像侦探一样，用放大镜审视自己。你所说的与你的真实想法或你的行为有什么不同？你是否经常直接说出你的动机？

3.7 制作一个引人注目的钩子

最后到了大力推进这些洞见的时候了。不寻常的事实和情感推动是有作用的，但要真正地利用这些洞见，你需要将它们转变成一个令人瞩目的钩子。这里的钩子指的是一个旨在吸引别人注意力的陈述或问题。写出一个令人瞩目的钩子，它会一而再再而三地激发新创意。

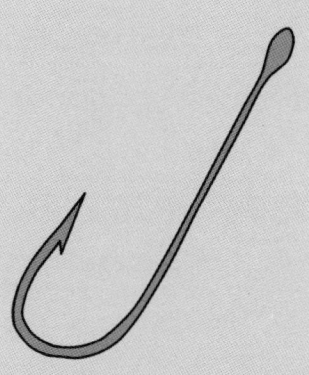

我们将运用撰写剧本的技巧来想象每个洞见对于不同人的意义。我们将展示不同世界和具有不同情感的主体的洞见。最后。我们将看看反语的力量，即事物实际的样子和应有的样子之间的差异如何将洞见转变为一个引人注目的钩子。

照着做

你对自己的项目有什么洞见？这些洞见对你提出了什么问题？记住，你的目的不是为洞见进行辩解，而是要将其转变成一个引人注目的问题，这会让你萌生新的创意。

你过去曾经遇到过哪些能不断促使你萌生新创意的问题？写下你正试图解决的问题，那个令人瞩目的钩子是什么？

详解

3.1 这很有趣

为什么

"我找到了"和"这很有趣"之间有何区别？

我找到了	这很有趣
字面意思是"我找到了它了"	意味着"我发现了某些东西"
态度明确而坚定："就是它了，现在不用继续找了。"	态度更谦逊："这一发现可能有重要意义，记住它并继续探寻下去。"

"这很有趣"是为你的项目找到需要正确解答的问题的关键。在本章的最后，你应该为你的创造性项目提出至少一个好问题。

是的，没错，学习这一整章就为了提出一个问题。这看似有些矫枉过正，但如果你真的提出了正确的问题，而且它能让大家前进一步并发出"哦，这真有趣，我愿意为此而努力"的评论，那么你所花费的时间就是值得的。

知识简介

"这很有趣"是我们解决问题的大脑开始运转时发出的声音。"许多人愿意在猜谜等需要运用洞察力的活动上花费时间，是因为他们的努力和获得的理解能带给他们极大的满足感，"实验心理学家加里·克莱因说，"我们生来就是要寻求洞见的。"

不要忽视"有趣"的重要性。杰出的喜剧演员和心理学家斯蒂芬妮·戴维斯说："当你需要产生新想法时，幽默是你最重要的工具之一。笑声可以降低威胁，让团队更加团结。它也是我们假设雷达上的重要光点。"

当我们看到或听到令人震惊和不合"常规"的事情时，我们的第一反应往往是发笑。如何为很少看电视的年轻观众开设一档受欢迎的关于爱情和两性关系的节目？乔恩·罗兰兹破解了这一难题。当他看到未婚妻因筹划他们的婚礼而压力大增时，他的"这很有趣"时刻来了。基于婚礼策划不可能那么难的假设，他介入了婚礼筹划工作。当然，婚礼策划非常难，乔恩根据自己的经验拍摄出了现代两性喜剧《不要告诉新娘》，这档英国广播公司 3 台制作的节目随后在世界各地得以播出。

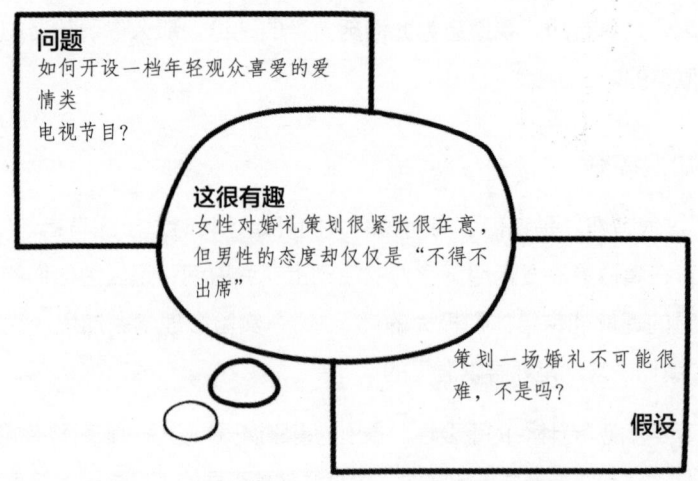

如何做

找到有趣的

- 集体或个人练习，用时 20~30 分钟。

想想你或你的团队过去解决的一个问题。你在何时发出了"这很有趣"的感叹？在当时的情形下，最让你感到惊奇的是什么？

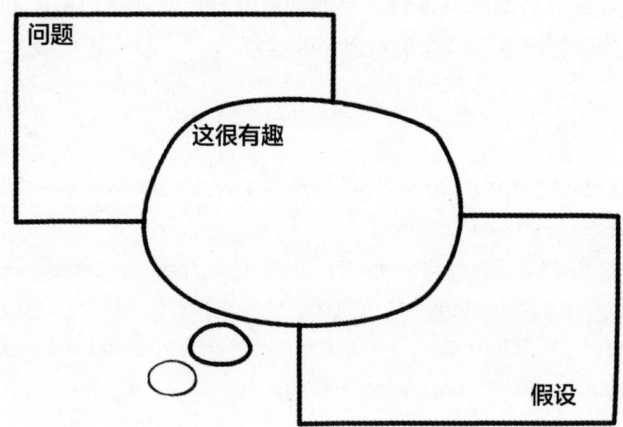

现在写下下列因素的假设前提：

- 你自己
- 你的任务
- 你的团队
- 你的组织
- 你的客户
- 市场

与项目团队中的其他人分享上述假设清单，也要与非团队成员分享。人们的假设是否不同？记住，此时你不是要达成共识，而是要获得不同的观点，它们才是真正有价值的，因为有关项目的矛盾假设往往是新创意的源头。

一旦你确定了自己的假设，你就准备好去寻找证实或推翻它们的不同寻常的事实了。你已经准备好去寻找能让你发出"这很有趣"这一感叹的事物了。

思考

你何时曾成功地挑战了有关其他项目的假设？你何时对某些事后证明很重要的事物产生了"这很有趣"的感觉？

参考文献

Davies, S. (2013) *Laughology*: *Improve Your Life with the Science of Laughter*.Crown House Publishing.

Klein, G. (2014) *Seeing What Others Don't: The Remarkable Ways We GainInsights*. Nicholas Brealey Publishing.

Rowlands, J. (2015) *Don't Tell The Bride: The Alternative Guide to the UltimateWedding*. Blink Publishing.

3.2 戳破你的过滤泡沫

为什么

你必须在你的项目上多做功课，否则你就无法深入地了解你身处的世界，这正是锻炼你洞察力的地方。

因此，当你在为项目做功课时，你脑海里会逐渐浮现出一幅画面，而且它会变成一个组织新信息的框架。

等等，你的信息来自哪里？你是否正身处于一个"过滤泡沫"内，它让这个世界变得比现实简单多了？

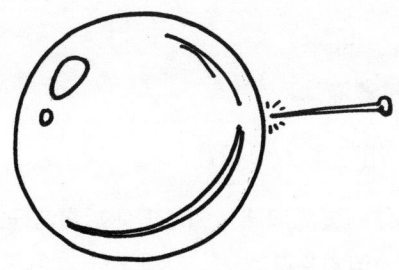

知识简介

作家兼互联网活动家伊莱·帕里泽称"过滤泡沫"为"个人信息生态系统"。你每次上网后，会在网络上留下大量搜索词、点击偏好、浏览数据和小型文本的痕迹。

算法通过梳理这些信息为广告定位，同时向你发送它们认为你"真正"需要的信息。其意义是显而易见的，假如你正在搜寻更多的同类信息，你会收获很多。但如果你要寻找那些异乎寻常或者令人不适的资料，你就不得不花费更多的努力了。

"确认偏差"（confirmation bias）是一个古老的人类特征，"过滤泡沫"是它最新的数字版本。心理学家丹尼尔·卡内曼认为，我们敏捷的思维、本能或直觉是易受骗的，它们偏向于相信事物的表面价值。我们的理性头脑负责怀疑，但它"虽然有时候是忙碌的，但大多数时候都偷懒"。所以"人们搜寻到的信息往往是和他们的固有观点相一致的"，要寻找到与之不同的事实需要付出努力。

网络专家泽拉·金博士建议，我们应当定期审核我们的"跳转"信息源以减轻确认偏差。我们可以通过删除一些定期推送的信息并用其他信息进行替换的方式来丰富我们的资源。此外，金博士还建议我们从社交网络的"弱关系"（我们几乎不认识的人），而非朋友和同事的"强关系"中获得更多的信息。

如何做

1. 戳破你的过滤泡沫

- 集体练习，用时 30~40 分钟。

用下图来画出你的过滤泡沫。先写下你始终信任的信息源，然后再写下你知道但很少使用的信息源。

现在获得有关你不知道的信息源的建议。你应该把哪些新资源引入你的泡沫？

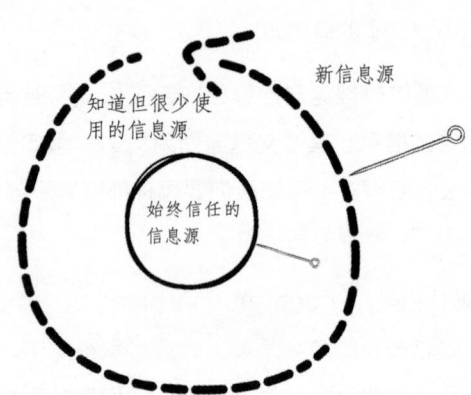

戳破你的过滤泡沫

第 1 步：
画出你的泡沫
第 2 步：
获得泡沫外信息源的建议

知道但很少使用的信息源

新信息源

始终信任的信息源

- 与团队其他人的泡沫进行比较。

- 谨防过度依赖同一可信的信息源。

- 从团队外获得针对整个团队的新信息源建议。

- 应该将哪些新信息源带入你团队的泡沫。

戳破你的过滤泡沫

第 3 步：
画出你的泡沫
第 4 步：
获得有关泡沫外信息源
的建议
第 5 步：
从团队外获得针对整个团
队的新信息源建议

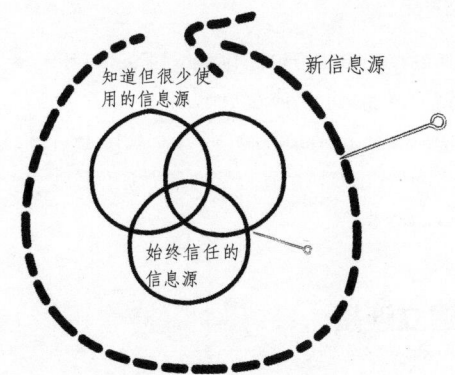

2. 让你的数据来源多样化

在接下来的几周时间里，试试这些做法：

- 拿起你通常情况下不会阅读的报纸或杂志，看看它们呈现的世界观与你的有何不同？

- 尝试替换一些"跳转"信息源。比如，如果你在微信上关注了《新科学家》，那么可用《科学美国人》替代它几周。

- 利用你的弱关系。不只是阅读亲密同事和朋友的评论和博客，要把目光投向更广泛的网络范围，降低算法对你的影响。设置一个单独的浏览器，不断删除搜索引擎的历史记录，或者使用不会特意追踪你的上网痕迹的搜索引擎。

- 不只提倡一种观点，而是找优秀的管理者评估众多不同的观点。要确保管理者的观点不全一样。

思考

开展之前的项目时，你从哪里得到了令人惊讶的新数据？你对此有何反应？你现在对来源异常的数据作何反应？

参考文献

Kahneman, D. (2011) Thinking, Fast and Slow. Penguin Books.

King, Z. (2011) *Who Is in Your Camp*? The Social Life of Ideas blog:http://sociallifeofideas.blogspot.co.uk/2011/11/who-is-in-your-camp.html

Pariser, E. (2011) *The Filter Bubble: What the Internet Is Hiding from You*. Penguin Books.

3.3 建立连接

为什么

苹果公司的联合创始人史蒂夫·乔布斯有句名言："创造力就是找到事物之间的连接。"乔布斯还说，创新的诀窍在于积累足够多样化的人生经验，然后以新的和令人惊奇的方式建立连接。

因连接而产生发明和突破的例子不计其数。古腾堡[4]在木制葡萄压榨机的基础上制造了世界上第一台印刷机。蒂姆·伯纳斯·李爵士利用儿时阅读过的百科全书的灵感开发出了万维网。就连披头士乐队在推出自己的乐曲之前，也是以翻唱巴迪·霍利[5]、小理查德[6]和埃尔维斯等人的曲子出道的。

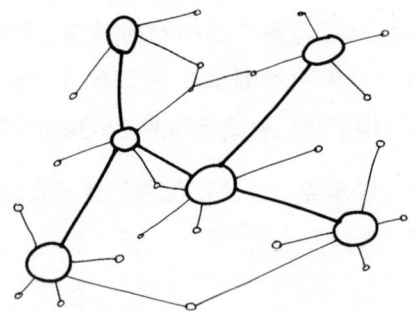

---

4. 德国发明家，约 1400 年出生于德国美因茨，1468 年 2 月 3 日逝世于美因茨，是西方活字印刷术的发明人。他的发明引发了一次媒体革命，迅速地推动了西方科学和社会的发展——译者注。

5. 原名查尔斯·哈丁·霍利（Charles Hardin Holly），1936 年 9 月 7 日生于美国得克萨斯州拉伯克县，美国歌手，绰号"甜心霍利"，美国著名摇滚乐歌星、摇滚乐坛最早的"青春偶像"之一——译者注。

6. 原名理查德·韦恩·彭尼曼（Richard Wayne Penniman），1932 年 12 月 5 日出生于美国佐治亚州梅肯市，美国摇滚歌手、作曲家——译者注。

知识简介

"组合创新（combinatorial creativity）"在个人和组织层面均得到了广泛的研究。米哈里·契克森米哈曾采访过 91 位杰出的思想家，其中包括科学家、作家和艺术家。他一次又一次地发现"最具创造力的成就来源于在不同领域之间建立连接"。契克森米哈说，我们应该很单纯地对各种各样的事物保持兴趣，而且他所遇到的天才们在老年时仍保留着孩子般的好奇心。

史蒂文·约翰逊在研究"创新自然史"时说，思想会慢慢淡化为观点，随着时间的推移，它们慢慢转变成"迟钝的预感（slow hunches）"。从互联网到公司食堂中的聊天网络等各种网络，都让"迟钝的预感"发生碰撞变得更容易了。约翰逊说，创新"机会偏爱有连接的大脑"。

组织文化可能抑制连接。皮克斯创始人埃德·卡特穆尔意识到，若不经过业务主管许可，动画师们就不可能与技术人员讨论创意。卡特穆尔为此明确地制定了一个新规则："任何人都能随时与其他人进行交流而不必担心受到斥责。"与保护管理者的自尊相比，信息的自由流动对皮克斯的生存更为重要。

如何做

1. 如何让"迟钝的预感"在你的团队或工作场所更容易建立连接？不要在办公桌前吃午饭了，去食堂吃吧。进行一次意料之外的沟通，让你的大脑得到片刻的放松。

2. 你能否将自己的创造性过程向尽可能多的人开放，不管他们在组织中扮演什么样的角色（参见第 4 章和第 5 章的工具更容易做到这一点）。

3. 在你的工作场所组织一次"闪电约会"。每一轮提问三个问题：你热衷于做什么？你现在做什么工作？我怎样才能帮到你？

4. 你们的员工发言需要经过批准吗？你能引入皮克斯的规则吗？如果不能将其引入整个组织，那至少能引入你的团队吗？

思考

有多少人知道他们的同事在工作中和工作之余热衷于做什么？你如何利用博客、海报、短片或社交活动让大家感受到与你之间的连接。

参考文献

Catmull, E. and Wallace, A. (2014) *Creativity, Inc. Overcoming the UnseenForces that Stand in the Way of True Inspiration*. Bantam Press.

Csikszentmihalyi, M. (1996) *Creativity*: *The Psychology of Discovery andInvention*.HarperCollins.

Johnson, S. (2010) Where Good Ideas Come From: The Natural History ofInnovation. Penguin Books.

3.4 利用矛盾

为什么

伽利略用望远镜观察天空时发现，行星的运动轨迹可以证明"地心说"不合理。但不幸的是，在他所处的时代，几乎所有人都是认为"地心说"合理的，包括宗教裁判所。伽俐略被因此视为异教徒遭受审判，被迫放弃了自己的主张。但行星的运行轨道与当时已有的理论相矛盾是确凿的事实。最终，这一矛盾得到解决，人们为太阳系的天体重新排序，并接受了地球围绕太阳公转的事实。

创造可能是一个混乱的过程，观念之间、人与人之间都有很多冲突。分歧不可避免时，冲突就会产生，而矛盾可能是这些冲突的闪光点。矛盾意味着错误，这可能会令人不安，可是，如果我们正在做正确的事情，怎么会有矛盾呢？

这正是正统难以被挑战的职场文化出现的原因，这种文化可能减少错误或不确定性，但也可能使你错过一些新线索。

知识简介

矛盾源于异常的或有问题的假设，它们会在我们的大脑中发出警告。心理学家加里·克莱因指出："矛盾警示我们，我们目前所知的信息存在重大错误。"我们不容易发现对"正常"界定的任何偏离，比如，你的大脑需要花 1/5 秒的时间才能对这个句子中的异常作出反应："地球围绕着麻烦转。"

米哈里·契克森米哈在有关创造性天才的研究中指出："有创造力的人总是感到惊讶，他们并不认为自己能理解周围发生的事情，他们也不认为其他人能理解。"

如何做

将矛盾转变为见解

- 集体或个人练习，用时 30~40 分钟。

  当我们对世界的认识突然间出现矛盾时，我们可以假装什么都没有发生，或者我们可以通过以下两种方式利用矛盾：

- 找出矛盾背后的弱假设并以更好的假设进行替代。

- 重写当前的理论或解释。

无论采取哪种方式，我们都为世界创造出了一种更好的解释。

案例分析

大草原火灾——找到弱假设并进行替代

19世纪的美国移民为了抑制草原火灾的蔓延，学会了在道路中设置范围更小的、受控制的"回火"带。在重大的火灾发生之前，回火会烧毁现存的可燃物。常识性的假设是，绝不要在干燥的大草原上点火，取代它的一个更好的假设是，在需要时可以"以火灭火"。

案例分析

霍乱爆发——重写当前的理论

维多利亚时代的医生认为，霍乱是通过呼吸不干净的空气来传播的，但医生约翰·斯诺发现，霍乱患者的消化道受损但肺部完好无恙，这与空气传播病菌的理论不相符。最终，斯诺的研究发现，污水供应才是导致霍乱的罪魁祸首。

我们试试之前的示例项目：改进公司的培训计划。假设矛盾是：每个人都说想要培训，但实际培训的参与率很低。目前的观点认为，员工太忙了。

方案 1 重写当前的理论 / 解释

1. 不一致之处： 员工说想要培训，但参与率很低。

2. 当前的理论： 员工太忙了。

3. 写出大量可能的替代理论 / 解释：

我们提供了错误的培训种类。

员工不在乎公司内的职业发展。

员工不认可我们的培训资质。

正式的培训不是最佳的能力提升方式。

管理者不愿意员工受训。

管理者不重视员工的发展。

4. 仔细审视每一种替代理论，问问自己，如果这些理论是事实，我们预计会看到什么结果？

员工需要我们不能提供的培训。

员工会加入他们更重视的公司组织的培训。

员工会在工作之余学习。

管理者难以弥合技能差距。

员工抱怨缺乏培训。

5. 你是否看到了支持替代理论的证据？你如何做进一步的调查？

我们是否记录下了对我们不能提供的培训的要求？

我们怎样才能知晓大家工作之余学习什么？

我们怎样才能鼓励有益的非正式培训？

我们以替换弱假设的方式试试同一例子：

方案 2 找出并替换弱假设

1. 不一致之处： 员工说想要培训，但参与率很低。

2. 列出当前的假设

- ☑ 员工需要培训以促进职业发展。

  我们的培训符合他们的需要和行业标准。

  我们已经为员工培训制定好了预算。

  我们知道技能欠缺之处。

- ☑ 我们知道自己在未来18个月内需要什么技能。

  我们用培训奖励和留住员工。

- ☑ 培训能促进员工对公司的忠诚。

- ☑ 在弱的、令人困惑的或令人不适的假设前打勾

3. 这些假设的替代假设是什么？

员工更喜欢公司外的培训。

关于在未来 18 个月内需要什么技能，员工可能有更好的想法。

培训会让员工变得更有价值，他们更可能另谋高就。

4. 你如何才能验证新的假设？它们能带来什么好处？

我们能否和其他公司"一起"培训？

我们能否让高层员工培训基层员工？

我们如何进行奖励？

拟离职的员工如何传承他们的知识？

思考

你什么时候为一种状况提出了更好的解释？矛盾在其中是如何发挥作用的？

参考文献

Csikszentmihalyi, M. (1996) Creativity: The Psychology of Discovery andInvention.HarperCollins.

Kahneman, D. (2011) Thinking, Fast and Slow. Penguin Books.

Klein, G. (2014) Seeing What Others Don't: The Remarkable Ways We GainInsights. Nicholas Brealey Publishing.

3.5 实地考察和鲜度保持

为什么

你是否为团队组织过不成功的"放松旅行"？你将同事安置在一家沉闷的商务酒店里，里面的陈设与办公室无异（有挂图、报告厅、会议室），你却期待同事提出新想法？

如果你真的想激发出新创意，不要用一个无聊的空间去替代另一个无聊的空间。可考虑以下两类商务旅行模式：

1. 相关的实地考察。去与你的项目直接相关的地方，与相关人士进行交流。

2. 无关的实地考察。去与你手头上的任务无关的地方，但这个地方要很有趣，能够提高你创意的新鲜度。

知识简介

制作电影《美食总动员》的皮克斯动画师曾参观了巴黎人厨房，《怪兽公司》的团队住进了哈佛大学的学生宿舍，制作电影《海底总动员》的动画师学会了潜水。皮克斯认为，实地考察是避免工作偏差和消除无聊的最佳方法。

经管图书作家玛格丽特·赫弗南认为："没有什么比离开办公室，去跟服务对象待在一起更好的了，绝佳的创意不是来自办公室，而是来自生活中。"

观察人们如何与"现实世界"中的产品和服务进行互动，这比读市场研究报告获得的启发丰富得多。真实的环境充满了触发因素和线索，可以帮助你以更广阔的视野看待你的项目，发现错误观念或识别未得到满足的需求。

第二种旅行虽与你手头的工作无关却很吸引人，你可能更有收获。这样的旅行丰富了我们头脑中的形象，提高了创意的"鲜度"。美国资深广告人乔治·洛伊斯坚持每周去一趟博物馆或艺术画廊，他写道："不能无中生有，你必须不断地给自己内心那只能激发你灵感的野兽喂食。"

我们的潜意识几乎不费什么力气就能将存储于脑海中的大量记忆、想法和碎片结合成解决问题的方法。贝弗里奇写道："其他条件相同时，我们的知识储备越丰富，产生重要组合的可能性就越大"。

我们可以从古人遗留下来的物品中获得新见解，我们可以在博物馆或艺术画廊中找到这些物品。根据哲学家纳西姆·尼古拉斯·塔勒布的说法，传承数个世纪的物品或行为"必定善于迎合只有时间才能见证的意图，它们契合了我们的某些本性"。

如何做

进行实地考察

· 集体或个人练习，至少需要花半天时间。需要笔记本、笔、相机或可拍照的手机。

1. 计划一次像皮克斯那样的实地考察。哪些地方最接近你正开展的项目？你想和哪些人打交道？在哪里能找到他们？在你的创造性过程中尽早规划好这样的行程。

2. 像人类学家一样进行细致的观察。记下引起你注意的人所说和所做的一切，在脑海里勾勒出人们赶往、聚集或徘徊之地。看看你能否识别出人群中的小群组和明星人士（即小群组中有影响力的人物）。想想什么因素塑造了他们的行为，或者更好的做法是提问题（但要先阅读 3.6 节的内容）。

3. 要心无旁骛（排除其他工作的干扰）。如果你要随时办公，比如不断地接电话，那你还不如不离开办公室。设置不在办公室的电话回复，将手机调成静音，专注于你眼前的人和事，不要理会你的邮件或信息。

4. 感受古老器物带来的震撼。走进博物馆，观察真正古老的器物，问自己下列问题：

· 它怎样使用？

· 它可能有何隐藏的意图？

· 它的主人是谁？谁是共有人？

· 它经过了哪些改造？还有什么其他用途？

· 它令我们感觉如何？

- 它具有象征性或仪式性意义吗？

- 它与我们的本性之间的契合度如何？

- 如何将这些见解应用于你的创造性挑战？

提示

当你没有时间为自己的项目进行实地考察时该怎么办？

- 利用当地的报刊经销店。英国每年大约有 8000 种刊物出版，所以，如果你正在为一些精打细算的年轻妈妈们提供新产品或服务，你可以购买她们经常阅读的杂志。

- 这些杂志花费了数年的功夫来了解它们的读者。一本成功的杂志能够窥见读者的灵魂。它的每一个页面，甚至是广告都能透露出一些关于读者及他们如何看待这个世界的信息。

思考

试着将早上乘公共交通工具上班或去单位食堂就餐当成迷你版的实地考察。你能观察到一起乘车的人或食堂里同事的哪些表现？外人会看到什么？

随时做笔记，利用手机上的笔记应用程序，甚至可使用手机上的相机。当遇到任何能引起你注意的事物时，把它们记下来或拍下来。

为什么不在你的工作场所挂一块老式的记事板呢？上面的照片、文章、笔记或涂鸦会在不经意间激发你的新创意。

参考文献

Allan, D., Kingdon, M., Murrin, K. and Rudkin, D. (2002) Sticky Wisdom: How toStart a Creative Revolution at Work.?WhatIf! Publications.

Beveridge, W.I.B. (1957) The Art of Scientific Investigation.W.W. Norton & Co.

Bystedt, J., Lynn, S. and Potts, D. (2003) Moderating to the Max: A Full TiltGuide to Creative, Insightful Focus Groups and Depth Interviews. ParamountMarket Publishing.

Catmull, E. and Wallace, A. (2014) Creativity, Inc. Overcoming the UnseenForces that Stand in the Way of True Inspiration. Bantam Press.

Heffernan, M. (2015) Beyond Measure: The Small Impact of Big Changes. TEDAudio Books.

Lois, G. (2012) Damn Good Advice (For People with Talent): How to UnleashYour Creative Potential by America's Master Communicator. Phaidon Press.

Taleb, N.N. (2012) Antifragile: Things that Gain from Disorder. Penguin Books.

3.6 我的动机是什么

为什么

真正有益的洞见来自人而非屏幕，它们潜藏于人们所说的、所做的及其之间的细微差异中。

市场研究人员、侦探和小说家会仔细聆听我们所说的话，从中找出重要的线索，并试图弄清我们的弦外之音。

如果你的项目最终要与人建立连接，比如顾客、决策者和用户，那么你就要花时间与这些人待在一起，从他们的生活中捕捉线索。

即使你在一家设有市场研究部门的公司工作，这么做也是值得的。我们的大脑在任何时候都能从周围的环境中获取 10 万个感官数据碎片，但任何市场调查文件都不能捕捉到其中的一些信息。当你踏入一个新的环境时，你的大脑会吸收异常丰富的信息，而且你永远都不知道在你最需要时，它会把什么新信息给丢回给你。

知识简介

我们大多数人在生活中都不知道自己的偏好、偏见或态度从何而来。市场研究人员说，我们的自我认知不是一成不变的，而是在讲述时会重构。"阶梯法"，即通过从特征和属性到利益再到价值观的层层提问，来确定可以激励人的真正因素。与身处"自然"环境中的人交流可以让他们展示自己的真实意思。

事实上，直截了当地问"为什么"可能对我们理解他人的行为没什么帮助。根据经验丰富的记者保罗·海格的说法："直接提问……可能会令你一无所获，或者诱使受访者说出一个已被广为认可的答案。"如果是现场采访，受访者经常会说出他们认为你想听的答案。运用符号、类比、词汇联想、角色扮演甚至漫画，提出间接或者含沙射影式的问题，这样能够深入人的内心，有助于你了解他们的真实想法。

如何做

1. 寻求别人的洞见时，避免直接问"为什么"

我们再次用改进公司培训计划的项目为例进行说明。

- 间接式提问："关于目前的培训安排，你认为与你身处同一位置的人会怎么评价？"

- 比喻式提问："如果把我们的工作培训方式视为一辆汽车的话，它是什么类型？"

- 词语联想式提问："提到完美的培训计划，你能想到哪些词汇？"

- 未来情景式提问："两年后，我们的员工培训会是什么样的？"

- 角色扮演式提问："如果由你编制预算，你会优先纳入什么计划？"

- 快速记录：记下培训学员所说的话，思考和感受它们对培训计划产生的启示。现在对人力资源部的经理们也这么做。

- 跟进问题：进一步深入思考大家的描述。"这辆汽车"是比较快还是比较可靠？还有哪些词汇能与完美的培训计划联系在一起？在这个阶段，可以提问一些"为什么"，比如"你为什么认为大家会有那样的感受"。

2. 边展示边讲述

我做电视台记者时学到了这样一个技巧：如果你想听到真实的声音，那么就在人们正在做谈及的事情时采访他们。最好不要在办公桌前或工作室里进行采访，边展示边讲述总是会更好一些。一旦我们的手和身体动起来，嘴里说出的话就更显自然了。

3. 搭建阶梯

- 集体或个人练习，用时 40~60 分钟。

从阶梯的底部开始提问，逐渐上升，直至顶部。预计你会发现较多的属性、较少的利益以及位于顶部的几个价值观。

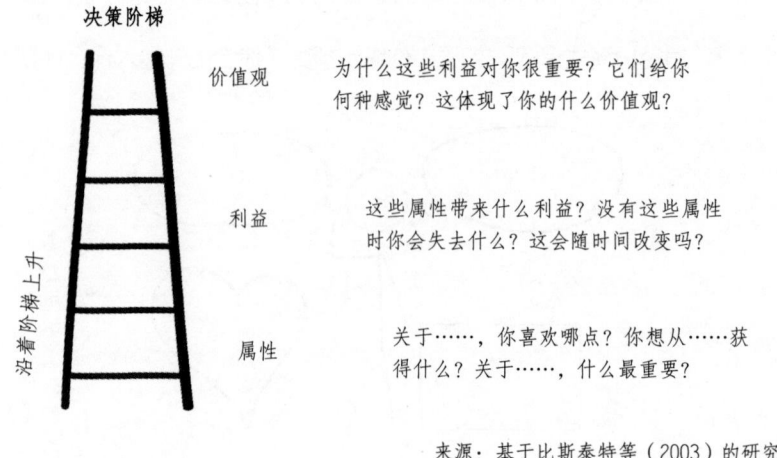

决策阶梯

沿着阶梯上升

价值观 —— 为什么这些利益对你很重要？它们给你何种感觉？这体现了你的什么价值观？

利益 —— 这些属性带来什么利益？没有这些属性时你会失去什么？这会随时间改变吗？

属性 —— 关于……，你喜欢哪点？你想从……获得什么？关于……，什么最重要？

来源：基于比斯泰特等（2003）的研究

与不同的人一起做这一阶梯练习，然后比较结果，看是否有共同的动机出现？

4. 做好实地考察笔记

- 记下能引起你注意的任何事项，或者用手机拍摄大量照片。
- 实地考察后尽早写出你的感想。
- 将照片、描述或想法做成一张拼贴画，张贴于工作场所的墙壁上。

思考

留出时间反复思考你观察到的现象。在实地考察后的第二天，翻看笔记和照片，看是否能从中发现新的动机。

参考文献

Bystedt, J., Lynn, S. and Potts, D. (2003) Moderating to the Max: A Full TiltGuide to Creative, Insightful Focus Groups and Depth Interviews. ParamountMarket Publishing.

Hague, P. (1995) Interviewing: The Market Research Series.Kogan Page.

3.7 制作一个引人注目的钩子

为什么

布莱克·斯奈德是好莱坞的顶级编剧，也是一部有关电影写作技巧的经典著作的作者。在浮华城（好莱坞的贬称）工作之后，斯奈德并没有花心思去琢磨吸引人们注意力的是什么，因为他一直认为反语能赢得观众的喜爱。

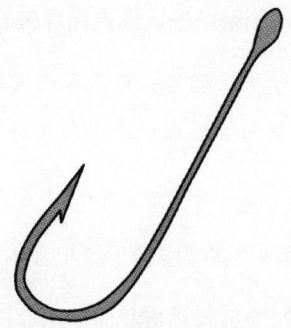

"一名警察来洛杉矶探望他分居多时的妻子，但此时妻子的办公楼被恐怖分子占领了。一个商人爱上了他周末雇来的妓女。这两部剧（《虎胆龙威》和《漂亮女人》）都是相当具有讽刺意味的，"他写道，"具有讽刺意味的事情引起了我的注意……它在情感上吸引人，使你心痒难耐，必须挠一挠才肯罢休。"

反语的手法可以帮助我们将非同寻常的事实或者情感见解转变成一个引人注目的钩子，这是完成创造性过程的绝妙方式。一个引人注目的钩子能让你一次又一次地钩出新创意。

知识简介

反语凸显了事物应该的样子和实际的样子之间的差别。它与嘲讽（运用反语去嘲笑）或者伪善（声称比你暗示的行为更道德）不同。若有疑问，可以想象第四频道播出的喜剧《泰德神父》或者乔叟的《坎特伯雷故事》。牧师本应谦虚、虔诚和善良，而不是酗酒、懒惰和贪婪。

对古希腊人而言，反讽是戏剧策略，即佯装无知者在自认为高明的对手面前说傻话，但最后这些傻话被证明是真理，从而使自以为高明的人大出洋相。这就解释了一些人写的"你真是个笨蛋"如此令人啼笑皆非的原因。

如何做

这些说法很有趣，但它如何推动你的创造性项目呢？让我们回到好莱坞，想想下面描述的两部电影中，你更愿意去看哪一部？

一部是"通过追捕一头巨型食人鲨，人们拯救了小岛上的居民"。

另一部是"怕水的纽约警察乘一条小船搜寻巨型食人鲨，拯救了他热爱的小岛上的居民"。

《大白鲨》的上述两种描述都包含了参与者和行为发生的背景。

一些反语的运用，如硬汉警察布罗迪怕水，已经吸引了你的注意力，之后再提高情感方面的关切，如恐惧、爱恨等，观众会本能地对这些刺激作出反应。

下面试试我在商业文章中看到的这一见解：

在下午4点钟接受采访时，75%的人不知道当天晚餐吃什么。[7]

---

7. 等待玫瑰（Waitrose）连锁超市的老板说，超市在20年前就已经过时了，见《每日电讯报》（Daily Telegraph）2014年10月22日的报道。

1. 演员、世界、情感和反语

- 集体或个人练习，用时 20~30 分钟。需要便签纸、可选工作表。

对此练习：

- 列出众多可能的参与者，每个人独用一张便签纸：这些参与者可能是精打细算的购物者、在职的父母、青少年、外卖业主……

- 列出众多不同的背景：办公室、公交车、交通拥堵高峰期、住宅区附近的小商店、超市……

- 当前的情感：渴望为家人提供食物，我们想要健康，食物令人愉快……

- 最后的反语：做美食需要时间，但我们都很忙；我们喜欢看电视厨艺节目，但我们从来没有真正地按节目中的食谱做过饭菜；我们为了家人努力工作，这意味着我们太累了，连家常便饭都做不了……

引人注目的钩子

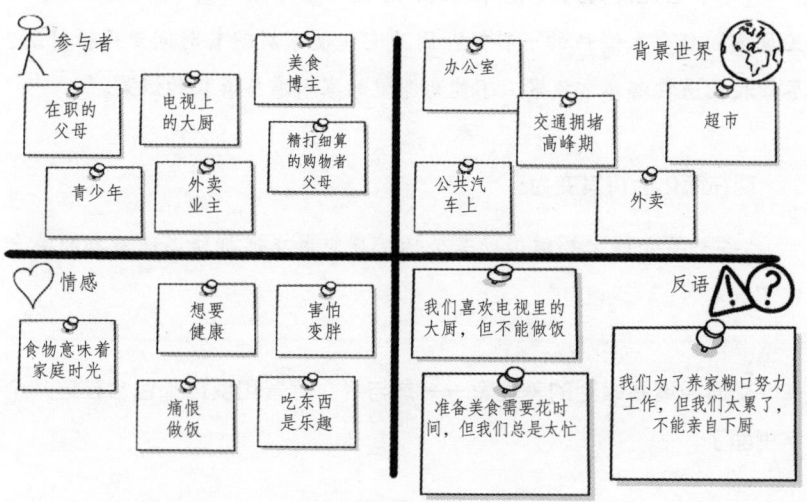

试试将参与者、背景、情感和反语进行不同的组合。用"怎样才能……因为……尽管"句式将它们列于工作表中。

引人注目的钩子

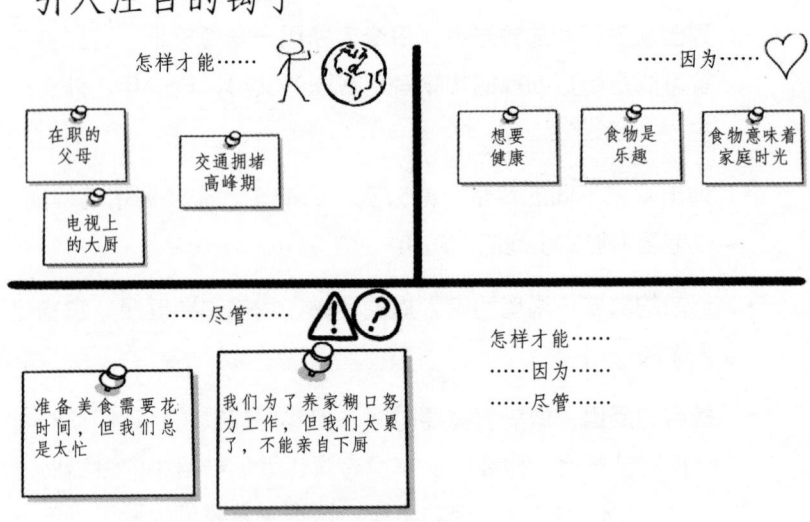

一开始，句子可能比较冗长，比如：

"一个电视大厨的美食博客怎样才能帮助辛勤工作、下班赶回家的父母规划好令人愉快的一餐呢？因为它能使家庭就餐时间变得很特别，尽管我们通常都非常疲累，不能为深爱的家人准备喜欢的饭菜。"

现在简化后将其变为：

"一个美食博客如何帮助辛劳的父母变成交通拥堵高峰时期的美食家。"

交通拥堵高峰期的美食家——参与者、背景和反语都包含在这几个字里面了。

2. 现在试试你的项目

- 集体或个人练习，用时 30~40 分钟。

列出：

- "这很有趣……"的见解（见 3.1 节）。

- 来自过滤泡沫之外的令人惊讶的数据（见 3.2 节）。

- 有趣的连接（见 3.3 节）。

- 麻烦的矛盾（见 3.4 节）。

- 实地考察洞见（见 3.5 节）。

- 情感层面的动机（见 3.6 节）。

写下你能想到的所有可能的参与者、背景、情感和反语，将它们混合搭配后可得到不同的问题。哪个问题能引起你的兴趣？

思考

当你自认为已经为项目准备好了一个引人注目的钩子时，用它试试朋友和同事的反应。将它用作电子邮件或博客文章的标题，看看能否得到比往常更多的回应。

参考文献

Snyder, B. (2005) *Save the Cat: The Only Book on Scriptwriting that You' ll EverNeed*. Michael Wiese Productions.

第 **4** 章

努力获取灵感

4.1 头脑风暴规则

你什么时候能萌生最佳的创意？洗澡、开车、遛狗时还是盯着窗外看时？对我而言是骑自行车时。放松心情，不必专注于特定的事情，或者做你喜欢的事情，想法似乎自然而然就来了。

但如果你需要整个团队在截止日期前提出新创意呢？你总不能让所有人一起盯着窗外看吧。

这就是我们需要进行头脑风暴、集思广益的原因，可将其视为努力获取灵感的过程。

当你没有设定正确的游戏规则时，没有人能做好游戏，你也得不到需要的新创意。更糟糕的是，你事实上可能阻碍了聪明之人提出好创意，而且抑制了大家参与集体决策的积极性。

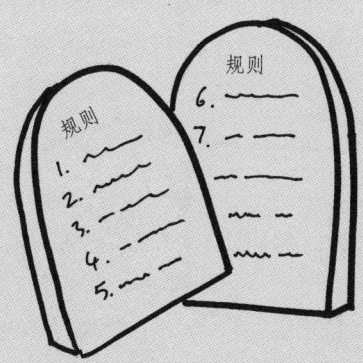

学者们已经指出了一些令头脑风暴会议失败的原因，本章介绍针对它的重大缺陷而设计的技巧和规则。

照着做

回想你上一次参加的头脑风暴会议，你从中大有收获还是浪费了时间？有没有人在会议开始之前解释规则？

4.2 横向推进和隐喻混搭

这些技巧使人们以图像或符号而非文字作为他们的出发点和灵感源。在创意会议结束之际运用横向推进法能使所有明显的想法浮出水面。

人们可能觉得，工作已经完成，可以停下来了。但是，当他们运用横向推进法时，他们会惊讶地发现，他们还能提出很多出色的创意。或者可以花更长的时间运用隐喻混搭法，它是横向推进的加强版。它需要你投入更长的时间，但确实能拓展你和团队的思维。

我们喜欢从周围寻找意义和象征，这两种工具都契合了这一迫切需求。以图像而非文字开始创造性思维过程会让人感觉奇怪，但是，这么做的难度越大，获得创意时人们就越兴奋。当你把一组随机的图像组合到一起时，你从中得到的创意范围之广会让你大吃一惊。

照着做

　　下次闲暇时，盯着窗外看，你能看到什么？你看到的东西可以象征多少不同的事物？

4.3 画出你的思维导图

　　这些技能能够拓展想法与相关事务的联系。与其他创造性技能一样，它们需要运用发散性思维，鼓励你用尽可能多的关联选项将最初的主张或思想包围起来。

　　画导图的技能非常灵活：你可以独自使用它们，也可以在大群体中使用。你可以根据直接的关系（概念导图）链接想法，也可以根据松散的关联（思维导图）进行链接。你可以创建多个导图，然后将它们放入一张超级大导图中。

　　画导图可能耗费大量的时间，但其影响是深远的：你可以获得一张包括所有重要创意的巨大导图。你可以将它粘贴在工作场所的墙壁上，这样它在头脑风暴很久之后仍能为你提供灵感。

供电脑或平板使用的各类绘图应用程序和软件有很多，这会让你绘制的导图更容易通过网络分享。

照着做

试着在网络上搜索免费的思维导图工具。

4.4 获得核心灵感

我们都受到过别人工作的启发，甚至会不可避免地进行复制。如果盲目地复制一个来源（并试图隐藏我们的轨迹），我们的行为就变成了抄袭。如果我们运用了几个来源，并根据需要进行了调整，这是在获取灵感。这些工具将我们头脑中一直存在的喜鹊式的偷窃行为正式化了。

首先，你要弄清楚项目的核心是什么，然后问问自己，还有什么人善于实现类似的目标？为满足你的需要，你应如何利用他们的才华？或者，你可以从启发你的事物中找出一系列不同的特质并推动新的组合形成。

这些技巧都与组合创造力（参见第 3.3 节的内容）有关，后者推动了所有领域内大量新创意的产生。引进团队外的新声音并利用其对世界的不同看法是特别有益的做法，这也最接近于大多数人对创造性过程的本能理解，因此，让一个新的或持怀疑态度的团队开启头脑风暴不失为一个好方法。

照着做

列出给你带来灵感的人员和组织，写出你想从他们身上获取什么。

4.5 打破规则

确定项目推进过程中应遵守的规则，然后逐一打破它们，看看你会得到什么。如果有人要求你提供激进的新想法，那就想象不可思议的事物，这是你可利用的工具。如果你需要一个令人震惊的或者能让你在激烈的市场竞争中脱颖而出的创意，这些工具就能助你一臂之力。

打破规则的工具令你审视你一直以来正在做的你认为重要的事情及其他人正在做的事情，然后找出它们的对立面。看看这些对立面能否启发你为项目提出新创意。一开始你可能会觉得运用这一方法会有不适感，因为它违反了公认的智慧。但试一试吧，公认的智慧曾经也是个新想法。

照着做

回想一个打破规则的好创意，你第一次看到这样的创意时是什么感觉？

4.6 仔细看盒子里有什么

这些工具从盒子内启动，提供系统的方法来修补你从盒子里发现的问题。这些工具的设计灵感源于众多新发明的渐进性。另外我们还发现，从形式到功能的逆向操作似乎更容易获得成功。

你需要花费大量的时间去研究你"盒子"里的东西，因此，这是一种准备工作特别重要的方法。

这些工具能帮助你为项目生成大量的新框架和新形式，然后你进行逆向操作，看看这些新形式能提供哪些新功能。这种方法不大可能产生十分荒诞的想法，因此，当你与一个级别非常高的（或不是非常有趣的）群体合作时，你可能更青睐它。

照着做

当被要求"打破常规"时，你感觉如何？

4.7 书面头脑风暴工具

借助这些工具，你可以在很短的时间内产生数以百计的创意，没错，是数以百计的创意。你可以运用其他许多技巧，但运用书面头脑风暴工具时，一群人可以就彼此的想法进行交流。

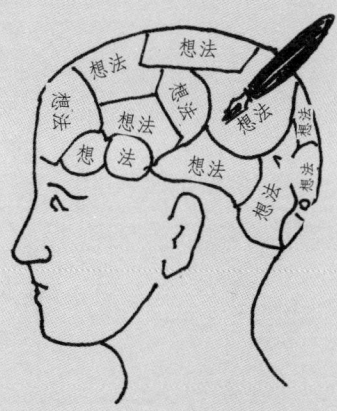

每个人都是从一个或多个简单的想法起步，然后与群体中的其他人交流意见，彼此调整的。重复这样的过程三至四次后，你很快就会建立起几个想法库。

这些技巧能够拓宽团队中每个人的思路，因为大家会相互启发。使用这些工具时，你通常需要一段安静的时间。对那些性格内向或者没有信心在其他人面前发言的基层员工而言，这一方法特别有益。

照着做

回想你上次参加的头脑风暴会议，那些说话声最大、最自信的人是否主导了会议？

提示

可从不同的网站上免费获得数百种优秀的头脑风暴技巧。我在博客（www.newthinking.tools）上提供了一些我最喜欢的技巧的链接。

记住：运用好这些技巧需要时间和空间，它们都能引发横向思维和发散思维，而且都非常有趣。运用它们后，你很快就会意识到，生成大量的新想法并非难事。不要忘记留出足够的时间讨论和汇总出最强大的想法。

4.1 头脑风暴规则

为什么

在网络上进行搜索时，你会发现很多"头脑风暴技巧"。良好的技巧具有以下共同特征：

1. 它们都促进发散思维和横向思维。

2. 它们会在一段时间内中止判断。

3. 大多数都非常有趣。

你的搜索也可能招致一些人的严厉批评，因为他们认为头脑风暴是浪费时间。他们的说法有一定的道理，因为运行不当的头脑风暴确实严重浪费了每个参与者的时间，因此，请先确保你为良好的头脑风暴制定了正确的规则。

知识简介

自 20 世纪 40 年代头脑风暴法问世以来，就有人对它提出了这样的批评：与个人独立提出想法相比，头脑风暴法是没有效果的。然而，尽管个人可能提出自己的想法，但将想法付诸行动的是群体或团队。管理良好的头脑风暴会议能增强团队的凝聚力，提高思想的流动性。在过去的 50 年里，科研领域的团队合作量几乎翻了一番，团队撰写的论文往往要比个人的多。

如何做

1. 避免头脑风暴的重大错误

这一计划管理工具能帮助你做好下次头脑风暴会议的准备工作。

缺陷	解决方案
过度专注：参与者执着于弱想法，因为他们看到了有缺陷的数据或对主题不够了解	提前做好"功课"，这样每个人在参会之前都能看到优质的数据
搭便车者：一些人不想提想法，想让团队中的其他人提。他们认为这么做没任何风险，因而不认真对待会议	将较大的群组分解成 2~4 人的小组，因为在较小规模的群组中，搭便车要困难得多 当人们知道自己在会议结束时不得不分享、测试或陈述内心的想法时，他们会更加注意
社交匹配：人们有附和上级和老板的自然倾向。书面头脑风暴技术能使"弱者"的声音得到倾听（见 4.7 节）	故意唱反调的技巧能使群体中的异议正式化（见 6.3 节）
安全第一：认为自己的想法会遭批判，因而不会主动提出不寻常或狂野的想法	在发散思维阶段或放松阶段明确鼓励人们提出狂野的想法。让群组内心怀疑虑的成员相信，狂野的想法可在收敛思维阶段或严肃的阶段得到驯服
生产阻碍：听别人的想法阻碍了你产生自己的想法	运用书面技巧和小组讨论解决这一问题
认知超负荷：喋喋不休会让人思路不清晰	增加中间休息的时间能让人们"孵化"自己的想法

2. 为良好的头脑风暴会议制定明确的规则

提前发送会议规则或在会议一开始就宣读下列规则：

- 开心点。大笑能释放大脑的压力，做一些热身练习使参会者开怀大笑并四处走动。

- 狂野点。与为沉闷的想法注入活力相比，在狂野的想法中更容易获得有益的见解。我们将在第 5 章介绍如何驯服狂野的想法。

- 对所有想法一视同仁。如果你对某个想法作出了积极的回应，那么，对所有想法都要这样做。记下了一个想法，就要记下所有的想法，否则人们会怀疑你内心在打小算盘。而且，一旦想法被记下来，就更容易。

- 借助别人的想法。两个赖想法可能结合成一个好想法。

- 短暂休息。大多数人在 20 分钟或 30 分钟之后就会精疲力竭，或者他们会变得只关注一个想法。休息一下，改变技巧，让每个人都保持活力。

- 供应零食。脑力活动是很耗费糖分的！

- 保持想法传递渠道畅通。头脑风暴会议后，人们还会有一些想法，因此要确保他们知道如何将想法传递给合适的人。

思考

想想你参加过的最出色的头脑风暴会议。当时的氛围和感受如何？群体动态是什么样的？是否有新创意产生？再想想最糟糕的头脑风暴会议有什么不同？在你的头脑风暴会议上你想鼓励哪些，避免哪些？

参考文献

Kohn, N. and Smith, S.M. (2011) Collaborative fixation: Effects of others' ideas onbrainstorming, Applied Cognitive Psychology, 25(3), 359-371.

Wuchty, S., Jones, B.F. and Uzzi, B. (2007) The increasing dominance of teams inthe production of knowledge, Science, 316(5827): 1036-1039.

4.2 横向推进和隐喻混搭

为什么

隐喻就像我们呼吸的空气一样无处不在，我们经常利用它们来达到良好的效果。无论是从早期的洞穴绘画到现代的道路标志，还是从政治领域到心理治疗领域，隐喻都能召唤出我们脑海中的强大形象。

当你可以运用形象和隐喻来激发我们对意义的深切渴望时，你正在形成意想不到的新创意。

知识简介

心理学家彼得·哈里根研究了人们抱有虚妄信念的原因。根据他的研究，"大脑的主要指令是提取意义"。我们对意义的无尽追求可能令我们得出错误的结论，但也可能帮助我们获得绝佳的新创意。我们是唯一可生活在抽象世界里的生物，能够生动地想象过去和未来的状态，甚至想象永远不可能存在的事物。我们不是用文字而是用符号和形象来构建这个世界的，而且这种能力随着语言的发展而演变。

用形象而非文字开启创造性的过程迫使我们重新编码已获得的信息，并将其"映射"至我们头脑中的新符号上。商业顾问凯文·邓肯称之为"类比跳板"，它能够给我们带来无尽的灵感源泉。

如何做

横向推进

- 集体或个人练习，用时 25 分钟。需要用到笔纸和视觉刺激物。

对此练习：

- 陈述创造性挑战。

- 将练习参与者分成 2~4 人一组，让大家写下尽可能多的应对挑战的想法。

- 5 分钟后停止，将照片发放给每个人，让大家写下照片中的图案所象征的事物。

- 最后让大家说出在照片启发下的想法。例如，这幅带风暴云的海滩照片可能意味着暴风雨即将来临……或暑假……或探险……或一线希望……你的项目将会面临什么样的风暴呢？）

你的挑战是什么？

横向推进

最先萌发的想法

你照片中的图案可能象征什么？

每人一张照片

这些特质如何启发你获得新的应对挑战之策？

10 分钟后，要求各组选出他们最喜欢的想法，并当着所有人的面进行陈述。运用收敛思维的技巧（见 1.4 节）选出最强大的想法。

隐喻混搭

· 集体或个人练习，用时 30~40 分钟。需要照片或实物上的视觉刺激。

对此练习：

· 给每个人分发一张照片或一件实物。

· 要求每个人各自安静地完成任务，写下各自物品方方面面的特质：用途、形状、质地、可引发的联想、可象征或代表的各类事物等。

· 然后要求大家转向身边的人，将两个图案"混合"起来形成一个混合体，问问对方混合体能做什么、看起来像什么、可以象征什么等。两个人讨论几分钟后，写出混合体的新特质。

· 要求两个人从看过的任意一个图案中选出他们最喜欢的特质。

· 现在进行横向思考：这些特质如何成为应对挑战的起点或灵感？

· 10 分钟后，让所有人挑选出最强大的想法。

隐喻混搭

你的挑战是什么?

你的图像可能象征什么?

混合两种图案,得到的混合体可能象征什么?

这些特质怎样才能启发你得到新的应对挑战的方法?

提示

提前准备些例子总会有助于人们理解你的要求,譬如:

- 一名正在遛狗的男子和一场车祸。混合体可能是一次灾难性的遛狗……或者导盲犬保证了我们的安全……或者事故盲点……

- 选择其一为例,如盲点如何为我们的项目带来灵感?

- 我们的盲点是什么?竞争对手、客户的盲点又是什么?

思考

比较前 5 分钟的想法和运用横向推进法之后的想法,看看哪些最具原创性、最令人惊讶。运用这一技巧后,房间里人们的能量水平(说话声或笑声)发生了何种变化?人们觉得从隐喻转变为想法有多容易或多困难?

参考文献

Deacon, T. (1997) *The Symbolic Species: The Co-evolution of Language and theHuman Brain*. Penguin.

Duncan, K. (2014) *The Ideas Book: 50 Ways to Generate Ideas More Effectively*.Lid Publishing.

New Scientist (2015) Are you deluded? The strange things we believe, *NewScientist*, 4 April.3

4.3 画出你的思维导图

为什么

想法不是直线运作的，它们不会始于起点、止于终点，相反，在不同元素的相互羁绊、碰撞下，它们会出现偏离和倒退。

导图绘制技术认为，创造性过程是非线性的，而且它们不会在万事俱备之前就试图将想法转变为书面文件。

知识简介

"思维导图"一词于 20 世纪 70 年代得到心理学家兼作家托尼·布赞的推广，但将思想表现为图片、图表和网络的传统则可追溯至查尔斯·达尔文和艾萨克·牛顿，甚至公元 3 世纪的哲学家。

布赞认为，无论我们的文化背景如何，我们在思考问题时都会结合想象和多种感官联想，因此，我们应该使用文字、色彩和图片来描绘从一个中心点生出多个分支的想法。

与其他发散思维技巧一样（见 1.2 节），在试图选定最有用的想法之前，重要的是在导图上形成大量的分支。在某种程度上，思维导图映射出了"突触达尔文主义"（译者注：神经达尔文主义），神经科学家认为神经达尔文主义很好地解释了我们的学习能力和思维适应能力。

科学家约瑟夫·D·诺瓦克开发了作为教育工具的概念导图。思维导图是从一个中心点往外辐射开来，而概念导图是从上到下的流动，代表相互连接的思想的层次结构，并显示出了因果关系。诺瓦克还鼓励人们在不同领域之间建立交叉连接。

如何做

1. 思维导图

- 集体或个人练习，用时 40~60 分钟。

对此练习：

- 首先在纸的中心写出一个概念、问题或陈述，这样，你的想法可向任意方向扩展。

- 画出代表每种有关联的新想法的分支线，每个分支以不同的颜色画出。用涂鸦和文字解释你的分支。

- 发散思维。画出尽可能多的分支，要在至少 2/3 的时间里做此项工作，不要过早停下来，不要在任一分支上停留太久。

- 一旦你穷尽了所有可能的分支，退后一步看看整个画面，这样做能使你确定相关事项的排序，并决定首先处理什么。

- 如果是团队练习，你可以运用点投票系统来选择优先事项，或运用思维导图将任务分配给团队。

下面是工作培训计划的思维导图。

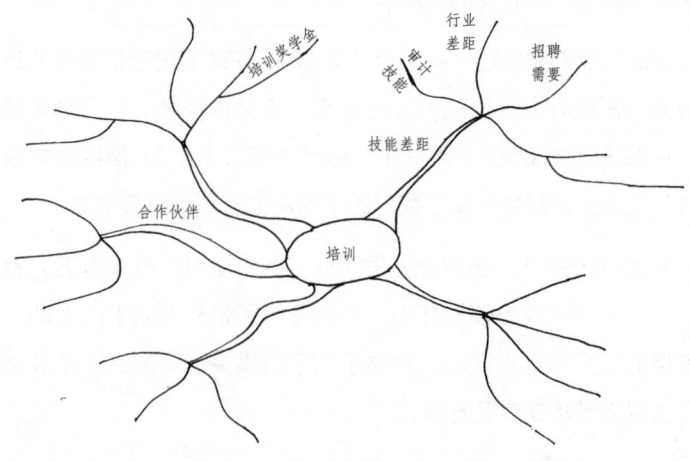

提示

　　尽管思维导图理论并没有要求你寻找不同领域之间的新连接，但你可能发现，利用思维导图能够发现明显的连接和主题。

2. 概念导图

• 集体或个人练习，用时 40~60 分钟。需要用到便签纸。

对此练习：

• 首先介绍与你正从事的项目有关的概念、陈述或问题，将它们写到一张大纸上或墙壁的顶部。

• 写下与你的项目或挑战的领域或"世界"有关的一切因素。每张便签纸上写一项。

概念导图

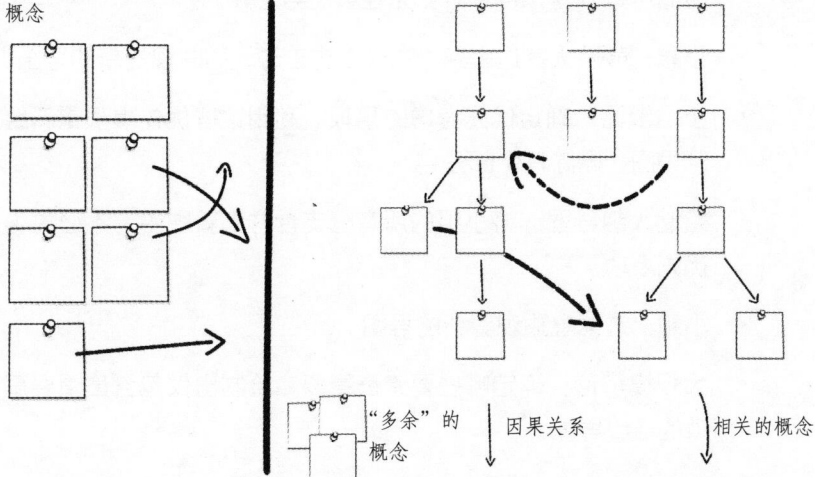

概念

"多余"的概念

因果关系

相关的概念

- 现在，将便签纸粘贴在不同主题之下。概念导图是分层次的，所以你应该从最重要的概念开始粘贴。

- 画出说明不同概念之间关系的线条。

- 为不同大主题之间的"交叉连接"画上虚线。

- 如果你无法将一些便签纸贴到概念导图中，可将其放在视野可及之处。它们揭示出了你知识方面的重要缺口。

- 后退一步，确定哪些概念和连接最重要，根据优先次序分配任务。

3. 多重导图

- 集体或个人练习，用时至少 4 小时。需要一个大房间。

这一方法由美国咨询师卡尔·塞尔弗设计，其做法是将单人导图绘制成群体导图。每个阶段都要就优先考虑和排除的事项进行辩论。

- 绘制个人思维导图：每个人都绘制出自己的导图。

- 绘制小组（2~4 人）导图：绘制一张新的导图，包含个人导图的所有分支，各个分支无轻重优劣之分。

- 小憩：鼓励大家边喝茶（咖啡）边走动，同时观看新的导图。

- 小组辩论：确定优先考虑的事项。利用这些优先事项重新绘制导图，删除其余部分。

- 绘制大组导图：将小组的所有分支合并到新图中，不必讨论优先事项。

- 小憩：边休息边观看新的导图。

- 大规模辩论：确定哪些要素最重要，绘制出仅包含最重要事项的最终导图。

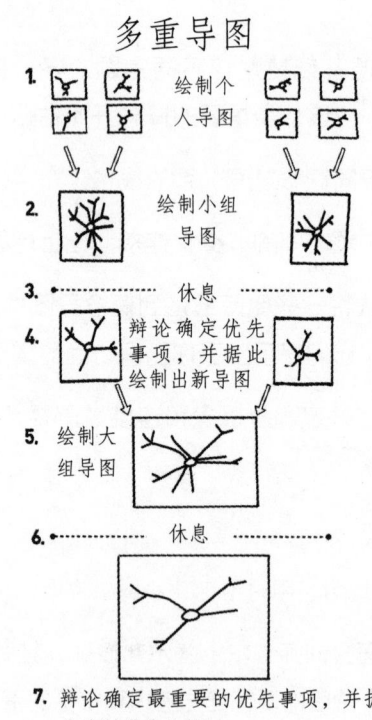

来源：根据卡尔·塞尔弗设计的方法改编

思考

无论你绘制出了哪种导图，都要把它展示在你的工作区域。你会惊讶地发现，当你注视着它时，它会给你带来多少灵感。

参考文献

Buzan, T. (2010) *The Mind Map Book: Unlock Your Creativity, Boost YourMemory, Change Your Life*. Pearson.

Novak, J.D. (1998) *Learning, Creating and Using Knowledge*: *Concept Maps asFacilitative Tools for Schools and Corporations*. Routledge.

Selfe, C.K. (n.d.) *Brainstorming Research Elements as a Team by Mind Mapping*.The Proposal Centres. See http://tinyurl.com/CarlSelfMaps for details.

Simonton, K. (1999) *Origins of Genius: Darwinian Perspectives on Creativity*.Oxford University Press.

4.4 获得核心灵感

为什么

复制、剽窃和得到启发，这三者有何不同？第一个是照抄照搬，第二个是鬼鬼祟祟、偷偷摸摸，只有第三个才是真正的具有创意。

我们都从别人身上学习技艺，无论是学习吉他时从最喜爱的歌曲库中挑选和弦，还是进入某个行业时遵循最佳做法，我们都不可避免地受周围最佳范例的启发。

将获得灵感与简单的复制或偷偷摸摸的剽窃区别开来的是，我们内心渴望的不仅是获得外在形式的灵感，还要获得本质层面的灵感。正如艺术家兼作家奥斯汀·克莱恩所说的："不要只学习风格，要学习风格背后的思想。你不想看起来像个英雄，你想成为真正的英雄。"

知识简介

发明史上创造性偷窃的例子不计其数，它们也被称为"组合性创造"。

大多数人似乎都发现了从形式到功能的逆向操作要比正向操作容易得多。与从一个问题出发设想出一种新的解决方案相比，看到出色的物品后想象将其适应一种新功能要更容易。

科学家安东尼·麦卡弗里发现最成功的发明家通常会做这两件事，一是注意到一个问题中常被忽视的部分，二是为这个被忽视设计解决方案。他们经常能从其他领域中找到现成的解决方案。

麦卡弗里开发了一款自动化创新软件，它能将问题分解成不同的组成部分，并搜索已找到解决方案的任何专利记录。你可以运用其他领域的词汇创造性地进行学习。用新的术语描述问题可以促使我们的大脑找到新的解决方案。

如何做

1. 获得核心灵感

- 集体或个人练习，用时 40 分钟。

对此练习：

- 首先确定创造性挑战或项目的核心是什么。

- 思考谁善于处理项目的核心事项。第一个建议永远是最明显的，所以要继续追问下去，列出适合者的名单。

- 接下来，选定名单上的一个人，思考令他出色的素质是什么，列出你能想到的所有素质。重复这个过程，直到你获得一张长长的素质清单。

- 现在思考如何将这份清单中的素质应用于你正在处理的挑战。

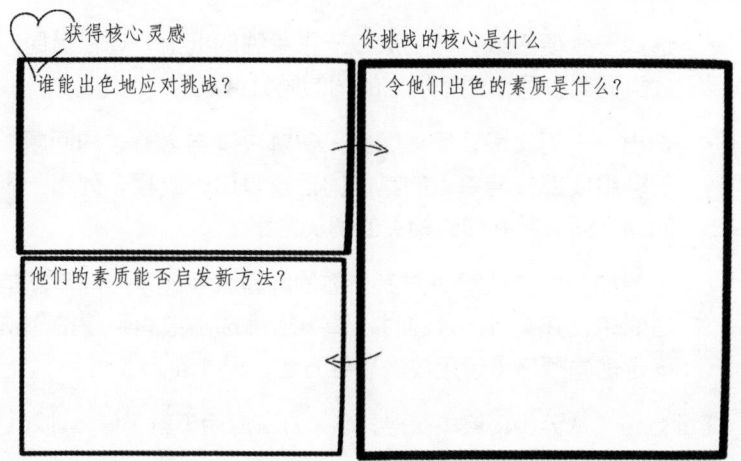

继续下去，直到仅剩下 10 分钟为止。最后，让人们运用收敛思维方法选定你将推进的想法（见 1.4 节）。

提示

　　你需要多样化的出色范例，否则这个技巧可能并不会太有效。如果你列出了能出色地完成项目的人，那么你的第二张清单，即令他们出色的素质，将会是非常明显的。

---

2. 从分类词典中获得灵感

- 集体或个人练习，用时 50 分钟。需要一部分类词典（纸质版或网络版）。

这一方法将安东尼·麦卡弗里（2013 年）的计算机搜索与阿兰等人（2002 年）的重新表达技能结合了起来。

- 首先列出你的项目或创造性挑战的关键组成部分，每个词都写在一张便签纸上。继续下去，直到你描述了出问题的所有方面。

- 选择一张便签纸，把它放在一张单独的纸上。现在借助你的分类词典，写出便签纸上的词的同义词。

- 选出一个同义词，思考哪些人曾解决过与之有关的问题。对关键组成部分清单上的其他词语重复这一过程，列出一张新的同义词清单并搜索相关的解决方案。

- 想想如何将这些解决方案与你的问题联系起来，写下新的想法清单。还剩 10 分钟时，请小组挑选出最有希望的想法并确定优先顺序（运用收敛思维方法，见 1.4 节）。

下面是将"从分类词典中获得灵感"方法应用于新工作培训计划的一个例子。

从分类词典中获得灵感

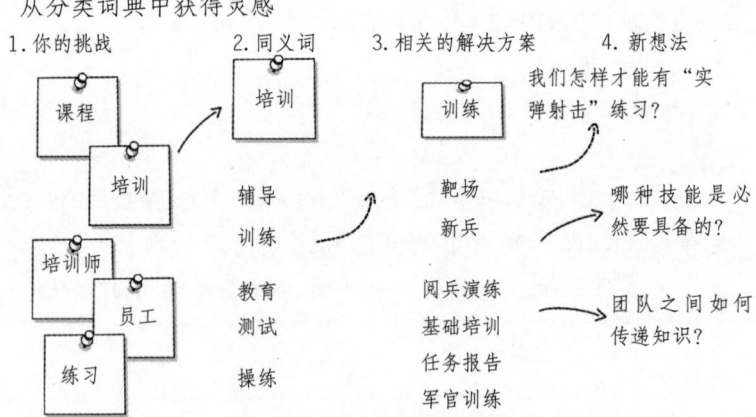

1. 你的挑战

课程

培训

培训师

员工

练习

2. 同义词

培训

辅导

训练

教育

测试

操练

3. 相关的解决方案

训练

靶场

新兵

阅兵演练

基础培训

任务报告

军官训练

4. 新想法

我们怎样才能有"实弹射击"练习？

哪种技能是必然要具备的？

团队之间如何传递知识？

思考

有多少新创意是你根据之前的出色范例改编的？当你发现另一个人或者组织提出一个绝佳的创意时你是什么感觉？你希望自己具备他们的哪些素质？

参考文献

Allan, D., Kingdon, M., Murrin, K. and Rudkin, D. (2002) *Sticky Wisdom: How toStart a Creative Revolution at Work.*?WhatIf! Publications.

Boyd, D. and Goldenberg, J. (2013) *Inside the Box: Why the Best BusinessInnovations Are Right in Front of You*. Profile Books.

Csikszentmihalyi, M. (1996) Creativity: *The Psychology of Discovery andInvention.*HarperCollins.

Johnson, S. (2010) *Where Good Ideas Come From: The Natural History ofInnovation*. Penguin Books.

Klein, G. (2014) *Seeing What Others Don't: The Remarkable Ways We GainInsights*. Nicholas Brealey Publishing.

McCaffrey, A. (2013) www.innovationaccelerator.com

4.5 打破规则

为什么

打破规则者、反叛者和标新立异者，在创新的商业世界里都可能成为厉害的角色，他们也可能对冲突的颠覆性和原因感到不适。

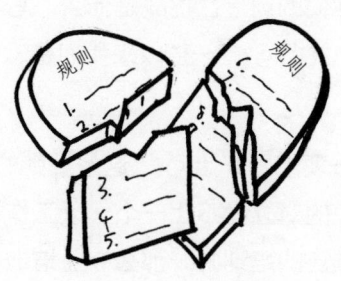

规则存在是有原因的，规则有助于人们获得意料之中的成果，并按时、安全地交付它们。在选择与特立独行或叛逆的人合作之前，一定要三思。但无论我们从事什么业务，对我们的操作方式提出挑战都是好事。打破规则的方法能够颠覆头脑风暴的结果。

知识简介

我们的大脑喜欢将混乱的事物理出头绪，所以我们不断地制定规则来解释周围发生的事情。当这些规则有意义时，我们就坚守它们。我们也需要将想法分门别类，每一类都有一套适用的规则，除非我们刻意地对其提出挑战，否则我们倾向于以老眼光看待新兴的思想。

打破规则的行为会立刻引起关注。在一个忙碌的世界里，我们很难注意到异常和矛盾，但规则的信息、产品或服务能够解决这一难题。

广告文案作家彼得·巴里说："'反着做'是值得尝试的做法。最糟糕时，你只是会产生意想不到但没什么用处的结果，但最好时，你会获得辉煌、鼓舞人心甚至是革命性的结果。"

如何做

1. 打破每一条规则

- 集体或个人练习，用时 40~50 分钟。需要可选工作表。

对此练习：

- 提醒每个人你们的创造性挑战是什么，写下一般情况下适用的所有规则，并提问："一直以来我们是怎么做的？我们一直拥有什么？"

- 从列表的第一项规则开始问："这条规则的对立面是什么？"请注意，我说的对立面不止一个。以工作培训计划为例，我们一直拥有专业的培训师，那么专业培训师的对立面是什么

打破规则

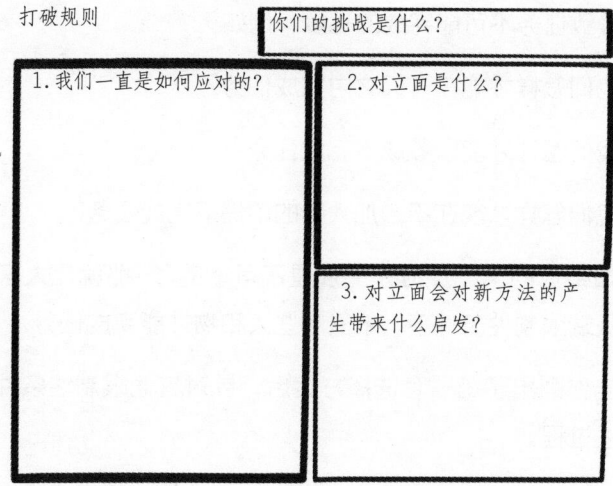

呢? 没有培训师, 不错, 但有其他的吗? 如业余培训师、实习者、学徒、公众人士、傻瓜等。

提示

打破最明显的规则, 即人人都认为不可或缺的规则, 可以产生最富创意的想法。不要为任何事情设限。

2. 不可能的任务 [8]

- 集体或个人练习, 用时 30~40 分钟。需要可选工作表。

对此练习:

- 提醒每个人你们面临的挑战是什么, 写出通常约束你的限制性条件 (例如预算、人员配备、资源、时限等)。

- 选择其中的一个限制性条件进行严格约束, 直到这种约束可

---

8. 这一方法源自格雷等 (2010)。

导致任务不可能完成的程度，例如：

- 我们怎样才能在一天之内完成任务？

- 我们怎样才能以零成本完成任务？

- 我们怎样才能在不增加人手的前提下完成任务？

- 如果你的第一反应是"那是不可能的"，那就让大家思考在极端限制性条件下，依靠哪些人和物才能完成任务。

- 当你列出了第一套选择方案后，针对其他限制性条件重复上述过程。

- 10 分钟后，让人们审核得到的备选方案。有没有一些方案是可行的或值得进一步考察的？你是否挖掘到了隐藏的资源？

- 选择你想要推进的最强大的想法。

不可能的任务

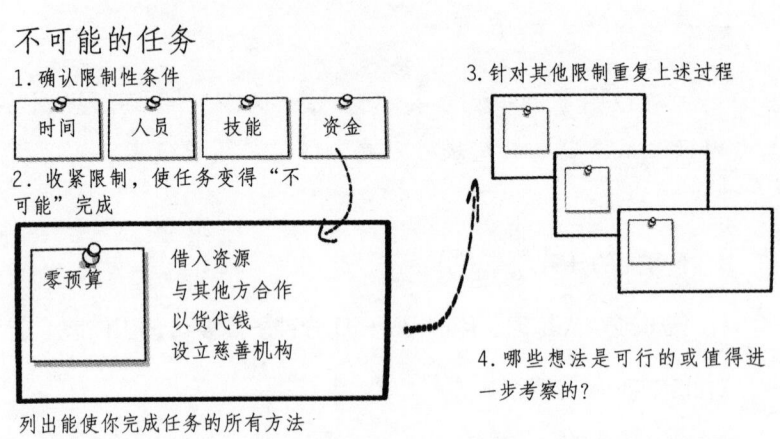

1.确认限制性条件

| 时间 | 人员 | 技能 | 资金 |

2. 收紧限制，使任务变得"不可能"完成

零预算

借入资源
与其他方合作
以货代钱
设立慈善机构

列出能使你完成任务的所有方法

3.针对其他限制重复上述过程

4.哪些想法是可行的或值得进一步考察的？

思考

对一些人而言，打破规则很难，特别是当他们是规则的制定者时。因此在这里提醒大家，打破规则是创造性过程中一个很有趣的实验阶段。涉及禁忌领域时，相关人员可能需要遵守保密规则。

参考文献

Allan, D., Kingdon, M., Murrin, K. and Rudkin, D. (2002) *Sticky Wisdom: How toStart a Creative Revolution at Work.*?WhatIf! Publications.

Barry, P. (2008) *The Advertising Concept Book*: *A Complete Guide to* CreativeIdeas, Strategies and Campaigns. Thames & Hudson.

De Bono, E. (1970) *Lateral Thinking.*Penguin Books.

Gray, D., Brown S. and Macanufo, J. (2010) *Gamestorming. A Playbook forInnovators, Rulebreakers and Changemakers.*O' Reilly.

Kahneman, D. (2011) *Thinking*, *Fast and Slow*. Penguin Books.

4.6 仔细看盒子里有什么

为什么

"跳出盒子思考"一词源于 9 点谜题。只有忽略了 9 个点形成的盒子的形状时，人们才能解开这个谜题。这个词已经成为商业惯用语，特别是在谈论创造性过程时。无论这个词之前有多么强大的力量，经过无数次重复后，它的力量就有所减弱了。就我个人来看，每次听到这个词时，我都觉得很尴尬。

对一些人而言，"跳出盒子"意味着提出狂野、疯狂和不可行的想法，从字面意思就看得出来。

当你对一个问题所了解的一切，包括你所有的经验、专业知识和理解都在盒子里时，你怎么可能跳到它外面思考呢？你为什么想那么做呢？

本节中介绍的方法是可以让你处在盒子里时使用的，它们能帮助你以新的眼光看待盒子里的一切。看看将盒子里的东西重新排列后会发生什么。这些方法会将你推向可能性的边缘，即盒子的边缘。

知识简介

有些创新系统关注的正是特定项目或行业的"盒子里有什么"。早在20世纪70年代，爱德华·M.陶伯在启发式教育法（或经验法则）的基础上，为食品行业设计了一种启发式思维技术。启发式教育法认为，许多创新来自同一行业内两种不相关因素的新组合。

德鲁·博伊德和雅各布·戈登堡认为，探索并重置盒子内部的要素就可以产生大量的新形式，然后，我们可以研究这些新形式是否具有有益的功能。通常情况下，解决方案就在我们正试图解决的问题附近的"封闭世界"里。

教育工作者鲍勃·埃伯利用"奔驰法（SCAMPER）"将头脑风暴中常用的几个问题组织了起来，创造出了一种彻底调整盒子内要素的方法。这种方法要求你替换，合并，调整，修改，提出其他用法，去除或重组产品或服务的要素。

如何做

1. 做减法

• 集体或个人练习，用时50分钟。需要便签纸、可选工作表。

根据德鲁·博伊德和雅各布·戈登堡2013年出版的《盒子里的创新》改编。

- 列出你的项目的所有要素（如人员、资源等）。将每个要素写在单独的便签纸上，然后将它们粘贴在一张纸上，围绕它们画出一个盒子。

- 在盒子周围写出不属于但贴近项目的所有要素，这会在你的项目周围形成紧邻的"封闭世界"。

- 做简单的减法：一次拿走一个便签，移除你之前确认对项目至关重要的要素。问问自己，这个瘦身版本有什么好处？谁可能需要它，为什么？它可行吗？

- 先做减法再替换：取出盒子里的一个要素。看看这一瘦身版本有什么好处，再看看盒子周围的封闭世界，有什么能填补你删除的特征所留下的空白吗？

- 是否有任何可行的创意出现？对盒子里的不同部分重复上述过程。

盒子里——减法

1. 盒子里	2 紧邻盒子形成一个"封闭世界"
3. 简单的减法	4 减法和替换
去掉一个特征有什么好处？	从"封闭世界"寻找失去特征的替代物有什么好处？

举一个简单的做减法的例子。为了制造更便宜的手机，摩托罗拉去除了 Mango 型号手机的传声器，因此，这款手机只能接电话。谁会想要一部不能打电话的廉价手机呢？事实证明，幼儿的父母们需要，在室外销售团队的经理们也需要。这款手机在以色列上市后，很快就占据了 5% 的市场份额。[9]

我们再以工作培训挑战为例进行说明。从项目核心中减掉一些要素，比如受训者自己。将员工脱离培训计划时，破坏性肯定不大。周围的封闭世界中，什么可以替代受训者呢？客户怎么样？如果你培训了重要的客户，令他们更加了解你的产品，这意味着什么呢？你如何受益？你可以从中学到什么？

2. 奔驰法 [10]

· 集体或个人练习，用时 90 分钟。需要便签纸、可选工作表。

对此练习：

· 首先列出项目或创造性挑战的所有要素，每个要素单列于一张便签纸上。

· 一次一张或者批量拿走便签纸，将它们按奔驰法核检表的项目排列出来。如果你在大型团队中工作，将参与练习的人分组，并让每个小组以不同的方式运用核检表。

· 10 分钟后，让人们选出最可行的选项，并提出你想推进的想法。

下面的例子为工作培训计划运用奔驰法核检表提供了思路。

---

9. 源自博伊德和戈登堡（2013）。

10. 根据艾伯利（2008）改编。

盒子里——奔驰法

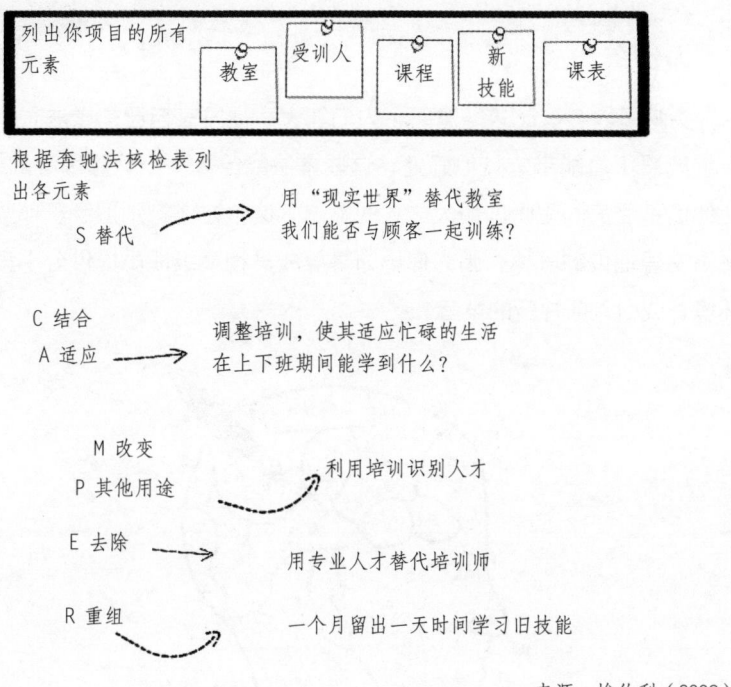

来源：埃伯利（2008）

思考

与横向推进和隐喻混搭（见 4.2 节）这些更为自由的方法相比，你觉得上述的方法怎么样？当你提议去除对项目至关重要的元素时，其他人是否会反对？

参考文献

Boyd, D. and Goldenberg, J. (2013) *Inside the Box: Why the Best BusinessInnovations Are Right in Front of You*. Profile Books.

Eberle, B. (2008) *SCAMPER: Creative Games and Activities for ImaginationDevelopment*. Prufrock Press.

Tauber, E.M. (1972) Heuristic ideation technique: A systematic procedure for newproduct search, *Journal of Marketing*, 36(1), 58-61.

4.7 书面头脑风暴工具

为什么

头脑风暴会议比较随意时，人们能大声地发表自己的看法，但书面头脑风暴工具能带来其他好处。这些方法能给人一个静静思考的机会，让他们不受房间里嗓门最大之人的影响。这个方法特别适合于那些旧想法占主导地位的群体，因为你要为基层成员和高级成员提供公平竞争的环境，或引入各种新的声音。

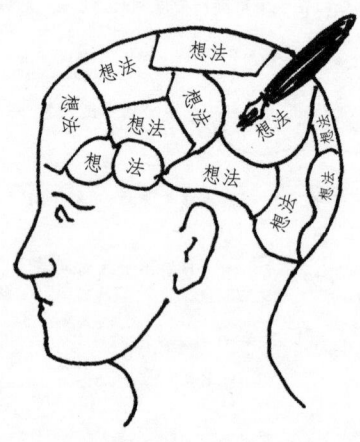

书面头脑风暴对横向思维有利，因为你的想法是由别人头脑中的内容所决定的。利用这些工具能产生数以百计的想法，这也意味着你必须留出足够的时间才能有效地整合最佳想法。

知识简介

在自由的小组讨论中，人们可以采用令人兴奋的新方式让彼此的想法相互碰撞。然而，我们的大脑在考虑自己的想法的同时，难以倾听其他人的想法。因此，我们要么停止倾听，关注自己的想法，要么让分贝最高的声音回荡在会议室里干扰我们的想法。

书面头脑风暴工具能把无声的工作与小组内定期的意见交流结合起来，同时还不妨碍个人的思考。有证据表明，与自己单独思考和无组织的小组讨论相比，这种方法更具创造力。无声的技巧也鼓励小组内更多内向的成员做出贡献，他们因缺乏信心不敢在同事面前说出刚萌生的新想法。

如何做

1. 书面头脑风暴清单

- 集体练习，用时 30~40 分钟。需要画好九宫格的 A4 纸若干。

这一方法由霍斯特·格斯奇卡于 1979 年设计而成。

- 从空白的 A4 纸开始。纸的数量要比小组人数多出一张。提醒人们创造性挑战是什么，然后要求他们在九宫格的第一行中写出最先闪现的 3 个想法，每格写 1 个。要安静地进行，不能讨论。

- 第一个人填完第一行的 3 个空格后将这张纸放到桌子中间，拿起其余的空白纸，再次填写 3 个想法。其他人完成第一张的填写后，从中间拿起空闲的纸张继续填写。此时，要参考所拿的纸上的想法，在第二列空格上填写 3 个新的想法。

- 人们完成第二行的填写后，再次进行交换，参考所拿纸上的 6 个想法，在第三行填写 3 个想法。

- 当所有格被填满时，这个练习就结束了。每个人进行最后一次交换。给人们至少 5 分钟的时间阅读九宫格里的所有想法。

- 让每个人从页面中选出最中意的想法。为保持新鲜感，请他们提出真正喜欢的实用想法和狂野想法。将这些想法写在挂图上，并选定拟推进的想法。

书面头脑风暴

1. 填写第一行的 3 个空格

与其他人交换纸张

2. 在前 3 个想法的基础上提出 3 个新想法并交换纸张

4. 再次交换。阅读所有的想法

3. 再次交换，在前 6 个想法的基础上提出 3 个新想法，讨论确定最优秀的想法

2. 步行法

· 集体练习，用时 40~50 分钟。需要大型纸张 / 挂图若干、便签纸和空间大、能走动的房间。

这是经典的书面头脑风暴法的变种，采用这种方法时需要移动的是人而不是纸张。每个人都站起来走动走动，这有利于血液流通和大脑供氧。

- 在桌子上或者房间四围的墙壁上挂上大纸，可能的话，保证每人一张。解释你的创造性挑战并让人们在纸张的顶端写下最先闪现的想法。要安静地完成这一过程，不要进行讨论。

- 完成后，人们可移动至另一张纸前，阅读纸上的想法，并在其下方写出新想法。

- 为了避免与思维慢的人挤在一处，思维快的人可使用便签纸。让所有人都移动，直到所有的页面都写满了想法，或者直到会议仅剩下 15 分钟为止。

- 运用收敛技能如点投票法（见 1.4 节）选定拟推进的最佳想法。

思考

你有没有注意到书面头脑风暴会议有多安静？这是因为人们都在努力思考，尽量不要打破这种安静。

一旦你开始借鉴其他人的想法，书面头脑风暴技术就会真正地发挥作用，因此，需要鼓励大家不要在第一个想法上投入太多的时间或思考得过于细致。

参考文献

Cain, S. (2013) Quiet: The *Power of Introverts in a World that Can't*

StopTalking. Penguin Books.

Diehl, M. and Stroebe, W. (1991) Productivity loss in idea-generating groups:Tracking down the blocking effect, *Journal of Personality and SocialPsychology*, 61(3): 392-403.

Geschka, H. (1979) Methods and organisations of idea generation. Creativity WeekTwo.1979 *Proceedings*.Centre for Creative Leadership.

Paulus, P.B. and Yang, H-C. (2000) Idea generation in groups: A basis forcreativity in organisations, *Organisational Behaviour and Human DecisionProcesses*, 82(1), 76-87.

第 5 章

培育好创意

5.1 开发者困境

你的创意有多新颖？如果太具革命性，它们可能被视为有着巨大风险的赌注，那么你可能很难找到支持者。如果它们过于安全，成功的概率可能很大，但你不会为之感到兴奋。这正是开发者的困境所在。

新创意需要培育，否则它们会夭折。在灵感阶段，你所拥有的只是创意的种子。将它们播撒到土地里，若少数能成长至成熟，你就算很幸运了。开发阶段就如同在温室里培育种子，你的种子有机会成长，不受霜冻和杂草的影响。

因此，无论你想完成渐进式还是彻底的改革，你都必须在选择最佳方案之前培育和支持新创意。如果一个创意不能奏效，不管开发者付出了多大的努力，都要把它从温室里拿出来，但一定要从错误中吸取教训。

最后，我们不能让创意在温室里待太久，否则，温室里会装不下的。每一个创意如同每一株植物一样，最终都必须经受严酷现实的洗礼。

照着做

有人提出一个新创意时你会做何反应？你是否会培育它或者想看看它能否茁壮成长？

5.2 支持团队

创意产生于个人的头脑中，但通常情况下实施创意的是团队。没有人的创意从一开始就是完美的，而且在他人面前分享不完整的创意可能会让人尴尬。如果你想让团队的人在开发阶段互相支持，你就要找到一种方法避免对他们情绪上的刺激。

在开发阶段测试创意可能会引发人们对整个项目的担忧，这可能产生问题，但是你可以运用这些见解使你的整个项目变得更加强大。

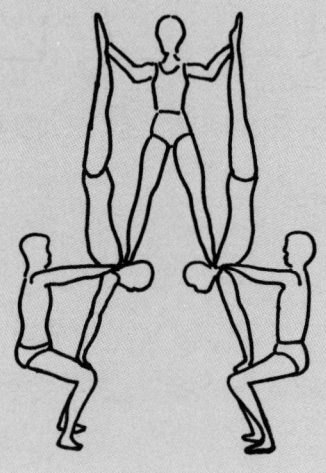

照着做

当你不得不与他人分享未完成的创意时，你的感受如何？当有人与你分享不成熟的想法时，你又作何反应？

5.3 扩充你的人才库

在一些大企业里，创造性过程不会局限于小型的开发团队。如果你能找到合适的合作者并能很好地管理创造性过程，你的集体智慧会大大增加。开放式创新在网络上蓬勃发展，吸引了来自世界各地的专业人士，他们纷纷参与了重要的创造性挑战。

你可以从更广泛的开发人才库中招贤纳士，找到与你一样了解项目的外部人员。非专业人士和消费者都是宝贵的资源。

照着做

思考一下讨论你同类工作的网络社区，那里是否具备你可使用的其他类型的专业知识？

5.4 设计思维

良好的设计不只意味着让一些"创意人员"在工程师完成建构之后改进产品。设计思维，因其对原型设计的热爱和对失败的容忍度，可以使创意从一开始就很优秀。

规模化生产的时代注定了生产线是昂贵的，这反过来意味着新产品在开始生产前必须尽可能地接近完美，因为失败就意味着产品召回。现

代生产和交付的灵活性使得生产者能用测试版本进行实验，于是生产者可以进行实时的测试并应用"快速失败"的错误检测思想。即使你不在数字行业工作，你仍然可以使用设计思维来加强你对创意的开发。

照着做

回想你测试失败的项目，你如何看待失败？工作场所的其他人呢？你从中学到了什么？

5.5 保持创新性

你曾多少次为那些嘴上说想冒险、想要获得激进的创意，但当你提出一个创意时却不敢冒险的人工作？当风险很高时，人们会厌恶损失，会本能地倾向于选择安全的方案。

我们经常说这是直觉或职业经验在作祟。我们告诉自己，我们可以"看出"哪些想法有效果，这可能是事实，但这也可能是来自舒适区的声音，它正试图引导你趋向风险较小的方案。

在建设性地看待新想法的弱点之前，你可以通过赞美它的优点和潜力来保持它的创新性。

照着做

你是否曾为了安全起见，不敢冒险采纳别人提出的新创意？你提出的创意是否有过类似的经历？不冒风险的理由是什么？

5.6 处理狂野的想法

对运行不理想的头脑风暴会议的一个常见批评是，它们只会产生不可行的想法。如果你的创造性过程只产生了一些狂野的想法，那么你就是在浪费大家的时间，人们下一次就不会再认真地对待你的要求了。但也不能因此而走向另一个极端，不能因看不到实际的推进方式就压制使每个人都兴奋的创意。

与思考"不能运用狂野的创意做什么"相比，思考"用它能做什么"更有意义。你可以关注能让客户或观众兴奋的创新性，而不要关注你的生产团队可能看到的困难。狂野的想法可能没有那么不切实际，或者它很可能是一块垫脚石，能帮助你找到更可行的新的替代方案。

照着做

想想头脑风暴会议上产生的狂野想法，它们后来怎么样了？

5.7 移出温室

你已经通过头脑风暴获得了新想法，你也在温室中测试和培育了它们，现在是时候把它们中的佼佼者放置于广阔的现实世界中了。创造性过程的早期阶段需要发散思维，它可以增加你的备选方案。现在是时候结束方案的征集并选出一个你将为之投入时间、精力和声誉的方案了。你现在处于最终的收敛思维阶段，是时候走出温室了。

身处这一阶段时，你可以依靠直觉，问问自己，哪个"在感觉上"是最好的方案。或者你可以运用创造性技巧做出让周围人容易理解的决定。

最后，无论你想怎样培育，去除无益新想法的时刻都会来临。处理这一问题的诀窍是，在剔除这类想法的时候，不能熄灭可能引发下一个新创意的火花。

照着做

想想你酝酿的想法最终是如何获得批准的？是出于直觉还是决策背后有明确的理由支撑。

详解

5.1 开发者困境

为什么？

当你处在头脑风暴的早期阶段时，新想法会令你兴奋不已，此时有必要提醒你一点，正如罗伯特·伯顿所指出的：

"这个主意再好不过了，然而……"

皮克斯创始人艾德·卡特穆尔说："我们早期的电影都很烂。"作为开发者，他们的工作就是让电影"从烂片变成非烂片"。这给开发者带来了最大的难题：在确定一个想法是否正确之前，你需要工作多长时间？创意越激进，它起初看起来就越奇怪、越行不通。但若一个创意乍一看就是可行的，则它的原创性可能不高。

所有的新创意都需要在有利的环境中经历一段培育期。你要像对待秧苗一样对待它们，把它们放在温室里，而不是将它们播撒到田地里就开始乐观地想美事。

知识简介

华特意富想法咨询公司的咨询师们将开发阶段和一般的商业紧急需求阶段做了对比。他们说，一个看起来像温室，另一个像医院的繁忙急诊室。

温室里的工作思维与急诊室里的完全不同，这一点应该明确，否则萌芽的创意在有机会展示其潜力之前就会枯萎。

皮克斯建立了一个智囊团（Brains Trust）。在电影初具雏形时，智囊团的资深导演和编剧们会就彼此的工作给出坦率的反馈。至关重要的是，智囊团的任何人不能用权力压人，大家可以直言不讳地向主管们提问题和建议。

BBC 最近开放了一些之前保密的开发流程，并建立了自己的网络温室空间，美其名曰"品尝者（Taster）"。任何人都可以对正在进行的工作进行测试、评分和评论。"并非一切都运行良好，一些方面可能出问题。对于一直以保持最高质量为傲的组织而言，不出任何问题非常困难。"英国媒体城 BBC 研发实验室主管阿德里安·伍拉德说："但我们能更快地得知什么行不通，这有利于节省费用和改进最终的主张。"三个月后，BBC 会从"品尝者"上选出试验性的方案并进行严格的评估。

"设定截止日期至关重要。没有人希望他们的想法陷入好莱坞作家所称的"开发地狱"困境中，在愚蠢的利益摆弄下徘徊不前。英国政府成立了行为洞见小组（也被成为"推进小组"）并设定了有效期限，如果团队在两年后未证明其价值，它就会被撤销。

如何做

1. 温室行为 [11]

· 集体或个人练习，用时 30~40 分钟。需要可选工作表。

华特意富想法咨询公司运用"阳光（SUN）"和"雨水（RAIN）"思维方式制定了一套温室行为指南，把你的新创意按这一指南展示出来。我们以为工作培训计划制作视频教程为例进行说明。

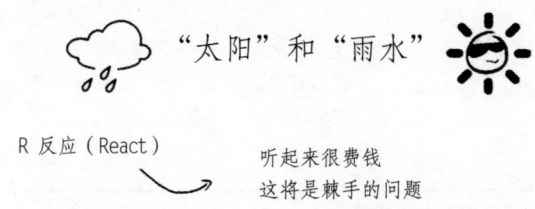

"太阳"和"雨水"

R 反应（React）　　听起来很费钱
　　　　　　　　　　这将是棘手的问题

A 假定（Assume）　　视频教程不起作用
　　　　　　　　　　我们之前就试过

IN 强调
（INsisit）　　　　他们从来不会这么做
　　　　　　　　　　这没什么效果
　　　　　　　　　　以我的方式做

来源：阿兰等（2002）

现将你的项目想法通过"雨水思维"展示出来
R 反应
A 假定
IN 强调

---

11. 这一方法源自阿兰等（2002）。

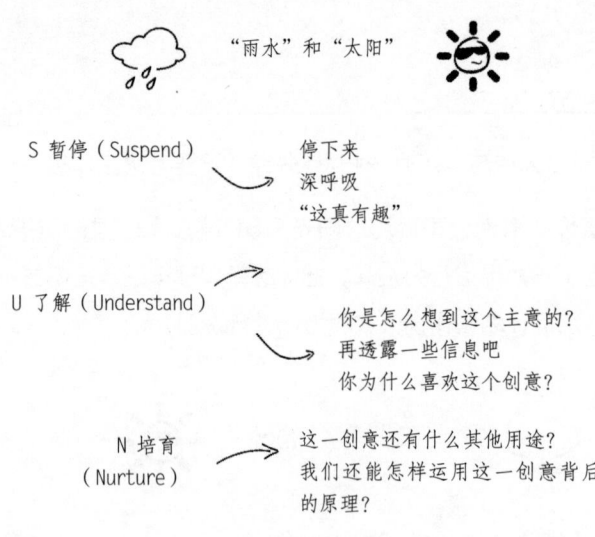

"雨水"和"太阳"

S 暂停（Suspend） → 停下来
深呼吸
"这真有趣"

U 了解（Understand） → 你是怎么想到这个主意的？
再透露一些信息吧
你为什么喜欢这个创意？

N 培育
（Nurture） → 这一创意还有什么其他用途？
我们还能怎样运用这一创意背后
的原理？

来源：阿兰等（2002）

现将项目创意用"太阳思维"展示出来
S 暂停你的判断
U 了解
N 培育

2. 智囊团行为

你如何建立一个像皮克斯的智囊团那样的能坦率地提出批评的论坛？以下是皮克斯老板艾德·卡特姆尔指出的让智囊团发挥作用的因素：

- 招募理解和关心你项目的人。

- 针对创意而不是人提出批评。

- 寻找"坦诚的谈话，激烈的辩论，笑声和爱"。

- 不要给他们任何职务权力。

3. 时限

设定截止日期或日落条款，这样你的创意不会永远处于开发阶段而无法前行。评估你所取得的成果，庆祝你所取得的成功，并分享从失败中吸取的教训。

思考

在你的创造性过程开启之际，为了提供成熟的创意，你承受着哪些压力？这种压力源于你自己还是他人？

参考文献

Allan, D., Kingdon, M., Murrin, K. and Rudkin, D. (2002) *Sticky Wisdom: How toStart a Creative Revolution at Work*.?WhatIf! Publications.

Catmull, E. and Wallace, A. (2014) *Creativity, Inc. Overcoming the UnseenForces that Stand in the Way of True Inspiration*. Bantam Press.

Halpern, D. (2015) *Inside the Nudge Unit: How Small Changes Can Make a BigDifference*. W.H. Allen.

Woolard, A. (2015) BBC Taster: first week: http://tinyurl.com/bbctaster

5.2 支持团队

为什么

你所在工作场所的文化塑造了你的创造力，也塑造了你团队的合作方式。在成功且富有创造力的组织内，领导者会投入大量的时间建设恰当的文化。

通常情况下，文化规范并非都有明文规定，但人们在一定时期内普遍认可它，将它作为一定范围内评判行事正确与否的标准。在忙碌的工作环境中遵守文化规范是不可避免的，但它不能阻止你根据创新团队在其他领域所做的事情制定新规则。

知识简介

优秀的开发团队明白没有什么创意一开始就是完美的，他们基于这

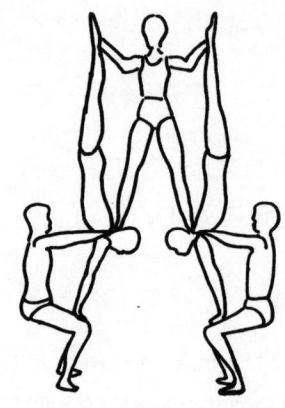

一认识培养同事之间的信任感。在开发阶段，团队必须学会如何避免快速做出判断或急于采取行动。最好以问题做出反应，因为这样做能使新创意变得更强大。

在皮克斯，开发电影的每个人都可以在一系列日常会议上分享自己不完整的作品，每个人都可以无拘束地提出建议。创始人埃德·卡特穆尔说："当尴尬消失时，人们变得更加富有创造力。讨论难以解决的问题时，每个人都能相互学习，启发彼此"。

拓展你的想法可能会让你重新考虑最初的目标，然而，根据心理学家加里·克莱因的观点，我们经常抵制"目标洞见"，因为它给人的感觉好像是放弃了迄今为止所做一切。克莱因认为，有关目标的冲突和焦虑可能是"将我们引向不可靠假设的一个预言性标杆"。

1. 采用皮克斯日常开发会议的习惯做法

运用这一模板展现你对他人想法的应对之道。

倾听：不要等着插话和加入自己的想法，认真倾听其他人说了什么，做笔记有助于提高注意力	同情：理解大家分享不完整想法时有多脆弱。为了支持他们，你会说些什么？
	宽容：你想让创意发挥作用而不是得到认可和表扬。你如何才能提供帮助？
	明确：评论创意而不是人

2. 用问题而非判断或行动对想法做出反应

当人们对想法做出判断或者根据判断太快地做出行动时，他们会说什么？你如何将这些反应转变为开放式问题。

判断 / 行动反应	问题反应
某人不喜欢这个想法	我们怎样才能让某人支持这个想法？
这个想法成本太高了	我们怎样才能证明预算的合理性？
我们之前已经尝试过这种想法了	
我不明白	
我们不需要这样的想法	
把它写出来给我	
我需要一个成本 / 收益分析	
你遗漏了某些东西	
这不起作用	
（添加你自己的）	

3. 留意目标见解和不可靠的假设

你有过"这是否是有待开发的正确想法"的疑问？你怀疑项目的总体目标吗？将你的想法与团队成员分享，注意观察他们的冲突和担忧，它们指向了哪些不可靠的假设？

思考

当你用问题而非判断做出回应时，关于想法的对话会如何变化？你对在项目进行中获得的目标见解感到满意吗？

参考文献

Catmull, E. and Wallace, A. (2014) Creativity, Inc. Overcoming the UnseenForces that Stand in the Way of True Inspiration. Bantam Press.

Grivas, C. and Puccio, G.J. (2012) The Innovative Team: Unleashing CreativePotential for Breakthrough Results. Jossey-Bass.

Klein, G. (2014) Seeing What Others Don't: The Remarkable Ways We GainInsights. Nicholas Brealey Publishing.

5.3 扩充你的人才库

为什么

耐克、罗氏和乐高等大公司都喜欢开放式创新，他们与组织外的人分享信息或设定具体的创新挑战。互联网上的开源创新社区创造出了非常成功的新产品，并打破了旧的商业模式。

开放创造性过程需要考虑一些问题，如商业机密、知识产权、声誉管理等。如果你的创造性过程是以这一问题开启的："你想到什么创意了吗？"这会给人绝望的感觉。但一旦你确定了自己的使命并具备了一些初步的想法，你就可以通过从更广泛的人才库中网罗人才来使它们变得更强大了。

知识简介

"群体智慧"理论认为，当涉及复杂的任务或问题时，多样化的群体比专家更胜一筹。

这可能是因为这些群体中包括完全了解你项目的"单纯的专家"，但这是从外人的角度来看的。查尔斯·里德比特认为，互联网创造了一种"亲我的生产者"。这些充满激情的业余爱好者像专业人员一样认真对待对他们来说无偿的工作。他们是高度联系的，是破坏性新思想和行为的

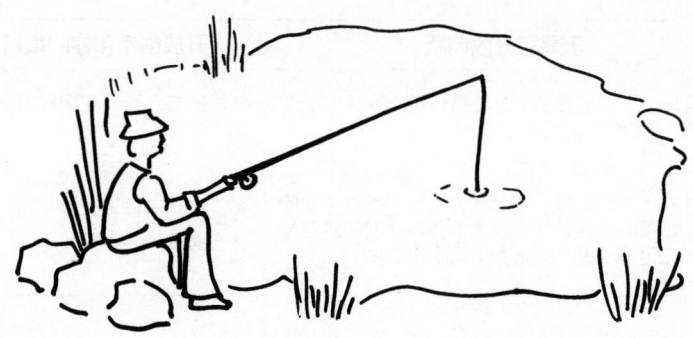

一大源泉。

这可能会让大型组织紧张不安。当黑客公布了乐高首款机器人套件的代码时，乐高公司曾考虑过采取法律行动维权，但最终该公司选择与网络社区进行合作并支持实验。乐高机器人头脑风暴（Mindstorms）立即成为乐高最畅销的单品，其继任产品 NXT 就是在超级粉丝志愿者的帮助下开发出来的。但是，乐高提前确定了 NXT 的关键参数，组织了一小部分创作者来进行合作，只是始终保留了最终的审核流程。尽管头脑风暴机器人大获成功，但乐高仍秘密地开发了他们的大部分产品。苹果公司就没有开放式创新，但在这个守口如瓶的组织内部，其研究人员、设计师、营销人员和工程师在开发的各个阶段都能精诚合作，采用了一种在封闭世界内部保持开放的模式。

如何做

1. 组织内部的开放

你如何让组织里其他部门的人参与你的创造性过程？处理客户投诉的人是否有助于你的构思？你的创意开发者能否花一天时间处理客户的投诉？

2. 面向外界的开放（但要学习乐高的经验）

详细的描述请参阅大卫·罗伯特森 2013 年出版的著作《一砖一瓦》。

乐高和开放创新	开放创新和你的项目
好处是什么？乐高看到了外界具有自己缺乏的专业知识时才开放创新过程	外界的专业知识在哪些方面超越了你？
固定方向，灵活执行。乐高提前设定了所有主要的参数（如预算、游戏性、目标消费群体的年龄范围等），但在这些范围内，志愿者可自由发挥	你的明确目标是什么？你在哪些方面具有灵活性？
做倡导者和实施者。乐高的管理者必须在一个被外界持怀疑态度的组织内倡导志愿者的创意，而且他们要提醒粉丝们，公司的许多规则是不可违反的	你怎样才能在你的组织内倡导外人提出的创意？
低成本、低风险。乐高发现，制造者社区的"试一试"精神使他们能够以一系列小而低的风险（"小本投资点"）来测试新创意	你的小成本投资点是什么？

思考

你如何看待开放你的创造性过程？你周围的人会有什么反应？你怎样才能证明这是值得一试的实验？

参考文献

Allan, D., Kingdon, M., Murrin, K. and Rudkin, D. (2002) *Sticky Wisdom: How toStart a Creative Revolution at Work*.?WhatIf! Publications.

Johnson, S. (2010) *Where Good Ideas Come From: The Natural History ofInnovation*. Penguin Books.

Leadbeater, C. (2005) The era of open innovation. TED Talks.

Page, S.E. (2007) *The Difference: How the Power of Diversity Creates BetterGroups, Firms, Schools and Societies*. Princeton University Press.

Robertson, D. (2013) *Brick by Brick: How LEGO Rewrote the Rules ofInnovation*. Random House Business Books.

Surowiecki, J. (2005) *The Wisdom of Crowds: Why the Many Are Smarter thanthe Few and How Collective Wisdom Shapes Business, Economies, Societiesand Nations*. First Anchor Books.

5.4 设计思维

为什么

如果你认为有了创意之后，为了将它包装得更好才需要设计，那么你可能会错失一系列诀窍。好的设计会以利于消费者和生产者的方式解决问题。

优秀的设计师不只存在于设计学院和其他机构中，他们是无处不在的。设计思维不仅能使产品或服务看起来美观，还能从根本上塑造产品或服务背后的理念。

本书中的许多内容都可被称为设计思维，例如界定你的问题（第 2 章），从你的项目世界中寻求洞见（第 3 章）和头脑风暴的可能性（第 4 章）等。

知识简介

根据产品设计师乔恩·科尔科的看法，设计思维意味着"与用户的共鸣、对原型设计的遵守和对失败的容忍。"他认为，设计时可以不太考虑"事物的样子"，而应更多地考虑做事的方式"。

谷歌为了改善其服务质量不断地进行实时测试。2010 年，谷歌的开发人员仅针对其搜索功能就进行了 8000 次以上的分离 A / B 测试。他们不只是容忍失败，实际上还鼓励"深思熟虑后的失败"，虽然这些失败不如辉煌的成功那样有利可图。

根据麻省理工学院（MIT）媒体实验室的伊藤穰一（Joi Ito）的说法，互联网已大大降低了通信、分发和协作成本，以至于尝试新事物的成本"几乎为零"。过去，MIT 对新想法的处理方法是"无成果展示就完蛋"，因为在劝说企业开发之前，成果展示只需要发挥一次作用即可。现在，MIT 的座右铭变成了"不能实施就完蛋"。现在的 MIT 相信，通过现实世界的有效利用来测试新创意要比努力谋划日益难以预测的未来靠

谱得多。伊藤说："我不喜欢'未来主义者'这个词，我认为我们应当做'现在主义者'。"

如何做

1. 如何摆脱"深思熟虑后的失败"

见解	你做出的哪些假设被证明是错误的？
使命	这些见解对你更广泛的使命有何启示？
下次	下次你会如何调整？
分享	你怎样才能确保其他人不犯类似的错误？

2. 如何才能做个"现在主义者"

你现在可以在现实世界中尝试哪些项目元素？你能从实地测试中学到什么？为你的项目制作原型时，最小、最便宜、最快捷的方式是什么？

3. 根据初始目标评估原型结果

- 集体或个人练习，用时 40~60 分钟。需要便签纸、可选工作表。

- 在目标下方写出你的初始目标。

- 在便签纸上将原型测试结果写成"飞镖"，以不同的绩效指标表示。

- 根据与靶心距离的远近排列它们的顺序。

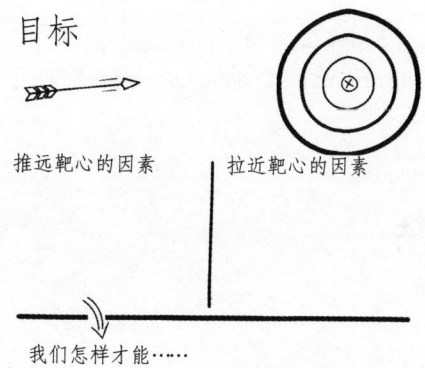

目标

推远靶心的因素   拉近靶心的因素

我们怎样才能……

来源：普乔和米勒（1996）

- 列出将它们拉近目标的因素。

- 列出将它们推远目标的因素。

- 将推远因素转变成"我们怎样才能……"式问题，并利用它们使下一个原型变得更强大。例如，如果缺乏高管支持是一个推远因素，那么你要问："我们怎样才能使高管对这个项目更热心？"

思考

无论成功或失败，你如何看待对创意的测试？怎样与他人分享测试结果？

参考文献

Bock, L. (2015) *Work Rules! Insights from Inside Google that Will TransformHow You Live and Lead*.John Murray.

Ito, J. (2014) Want to innovate? Become a 'now-ist'. TED Talks.

Kolko, J. (2014) Well Designed: *How to Use Empathy to Create Products PeopleLove*. Harvard Business Review Press.

Kolko, J. (2015) Design thinking comes of age, Harvard Business *Review*,September.

Puccio, G.J. and Miller, B. (1996) *Targeting*: *Tool for Evaluation and GroupConsensus*, 42nd Annual Creative Problem Solving Institute, Buffalo, New York.

5.5 保持创新性

为什么

我们越是在高压环境下工作，就越可能对新想法快速做出反应。我们根据已知的知识和信息来衡量新事物，评判它，并立刻做出接受或拒绝它的决定，然后，我们会继续处理其他新事物。

在这种氛围下，创新性可能看起来华而不实或者愚蠢。尽管我们知道目标是创新，但我们非常想拒绝任何我们无法看出其用途的想法。要顶住马上提供可行解决方案的压力，需要你付出实实在在的努力。保持创新性很难。

知识简介

许多人对创造力存在无意识的偏见，当对结果感到不确定时，我们宁愿选择安全的方案。即使我们嘴上说想要新颖的创意，这种偏见也可能存在。对未来的不确定性可能是触发我们寻找新创意的因素，但具有讽刺意味的是，"在我们最需要时，不确定性也可能导致我们无法识别创造性"。

当我们对一个新想法感到不确定时，我们对它的反应很可能是挑错。根据罗杰·法尔斯泰因的说法，"我们大多数人倾向于将批判性思维和批评混为一谈。批判性思维是仔细琢磨一个想法，既考虑其优点，也考虑其缺点"。在转向顾虑之前，要总是花时间去探寻新创意的积极面和潜力。将你的顾虑描述为能进一步引发新思考的问题，不要只简单地陈述顾虑。

心理学家加里·克莱因建议，可在层级制度扼杀新创意的组织内设立"逃生舱"。当他们觉得有价值的新创意遭到无理的拒绝时，底层员工可利用这一制度越过反对的顶头上级进行上报。

如何做

1. 首先，提醒每个人不忘初心

如果你真的在寻找新创意，那么只接受令你感到舒适的创意是不够的。要提醒人们，我们来这里是为了寻找新奇的创意。在这个阶段会感觉不舒服，但没有关系。

2. 对具有优势、潜力和问题的想法作出反应 [12]

- 个人或集体练习，用时 30~40 分钟。需要一些工作表。

运用这一方法给新想法呼吸的空间。当你听到一个新创意时：

- 暂停一下，然后至少发现这个想法的一个优点："我喜欢这个创意，因为……"

- 找出一个潜在的副产品："如果我们这样做了，我们还能……"

- 以问题的形式表述你的顾虑："我们怎样才能……"

- 以"我们怎样才能……"这一问题作为头脑风暴解决方案的起点。

---

12. 该方法源自法尔斯泰因（1996）。

集体练习时：拿出一个新想法，用 PPC 模板展示出来。让每个人至少提出 3 个优点、潜能和顾虑。将顾虑转化为开放式问题，然后尽可能地多提能够消除顾虑的点子。

优势 潜能 顾虑	你的创意是什么？
找出至少 3 个优点	我喜欢这个创意，因为……
找出至少 3 个潜在的 副产品	它还能……

优势 潜能 顾虑	你的创意是什么？
找出至少 3 个顾虑	将顾虑描述为"我们怎样才能……" 式的问题
消除顾虑的新点子	

来源：法尔斯泰因（1996）

3. 为新颖的创意设置"逃生舱"

在你的工作场所，当新想法遭拒时会发生什么？在不伤企业自尊的情况下，有无获得其他意见的方法？比如设立意见箱就是简单的渠道。也许你的组织内有明确的规则，即使顶头上司不看好你的创意，你也可以和别人进行讨论——参见皮克斯规则（见3.3节）。

思考

使用 PPC 对新创意作出回应时，结果会有何不同？将你的顾虑转化为开放式问题有多容易？采取这种方法时，身边的人作何反应？

参考文献

Firestien, R. (1996) *Leading on the Creative Edge: Gaining CompetitiveAdvantage through the Power of Creative Problem Solving*. Pinon Press.

Klein, G. (2014) *Seeing What Others Don't: The Remarkable Ways We GainInsights*. Nicholas Brealey Publishing.

Mueller, J.S., Melwani, S. and Goncalo, J.A. (2011) *The Bias Against Creativity:Why People Desire But Reject Creative Ideas*. Cornell University ILR School.

5.6 处理狂野的想法

为什么

如果你确实全身心地投入到了创造性过程中，注定会有那么一刻，你会觉得某个想法"很疯狂"。这很可能是你雄心勃勃地打算进行彻底改革的时候，或者是你与持不同世界观的人一起工作的时候。

有时你必须努力保持狂野的想法，有时你必须转向更加实际可行的解决方案。但你怎样才能在不扼杀迄今为止迸发出的热情和能量的情况下做到这一点呢？你如何将"这很疯狂"转变为"这很有价值……呢"？

知识简介

头脑风暴的创始人亚历克斯·奥斯本曾说过："驯服一个狂野的想法比滋补一个弱想法更容易。"

通过联想，狂野的想法能帮助你与更多的可行想法之间建立连接。如果你立即驳回了狂野的想法，你可能错过之前从未发现过的原创方案。

美国专利局在决定是否授予一项新发明专利时，会考虑它是否具有创新性和实用性，还会考虑其是否具有非显而易见性，即它是否令人惊讶。根据迪安·基斯·西蒙顿的说法，当创造力产生了有用的、新颖的和意想不到的创意时，其潜力就发挥到了极致。

在你看来荒谬而不切实际的项目可能对你正接触的人很有吸引力。企业内部的决策者更喜欢实际可行和有利可图的想法，但他们的客户则重视新颖性、稀缺性和创造性。如果你的思维模式从"我们怎样才能做到这一点"转变为了"我们为什么要这么做"，你可能会更能容忍不确定性，更乐意考虑狂野的想法。

如何做

1. 抓住狂野想法的核心

- 集体或个人练习，用时 30~40 分钟。需要可选工作表。

当你提出一个人人都喜欢但过于疯狂、无法向前推进的想法时，可以将其视为发现另一个想法的火花。

狂野想法的核心

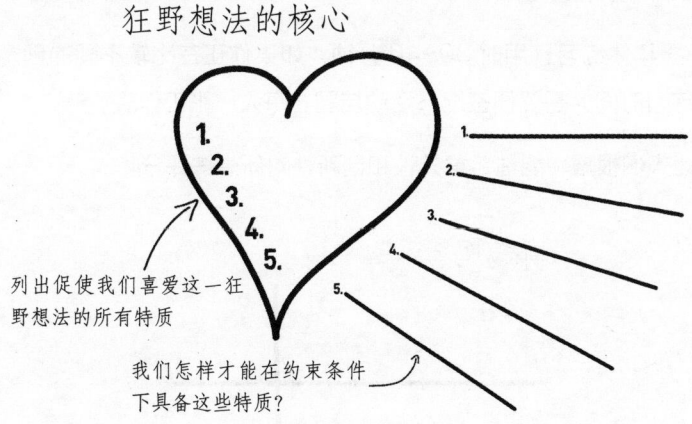

列出促使我们喜爱这一狂野想法的所有特质

我们怎样才能在约束条件下具备这些特质?

- 先提问"为什么我们都喜欢这个想法"列出诸多特质。

- 针对清单上的第一个特质提问:"我们怎样才能在约束条件下具备这一特质?"

- 写出大量想法,转向下一个特质并重复上述过程。

- 回顾写出的想法。哪些是新的?哪些仍然包含着原始狂野想法的一些兴奋点?哪些更实用?

2. 想法果真狂野吗

- 集体或个人练习,用时 30~40 分钟。

从"怎样"切换到"为什么"时,你的感觉如何?你的项目针对的人,包括你的客户和观众,并不关心你如何使想法奏效,他们只关心你为什么要采用这一想法。

针对狂野的想法,花 10 分钟列出你要实施它和客户喜欢它的所有理由。

忘记你现在打算怎样做,集中精力思考:	
为什么我们要实施它	为什么客户会喜欢它

3. 还有乐趣吗

• 集体练习，用时 30~40 分钟。如果你正在比较不同的创意，可延长练习时间。需要便签纸、活动挂图、每人一张工作表。

让人们根据功能性、意外性和创新性对新想法评分。

有趣吗？

		得分（满分为 10 分）
F 功能性	想法奏效吗？ 能解决最初的问题吗？	
U 意外性	它是否是令人惊讶的解决方案？ 它与其他想法相似吗？	
N 创新性	这个想法有多新颖？ 之前运用过吗？	

上述过程应在单独的工作间里安静地完成，这样，大家的看法彼此不会影响。现在将便签纸贴在挂图上，然后比较评定的分数。

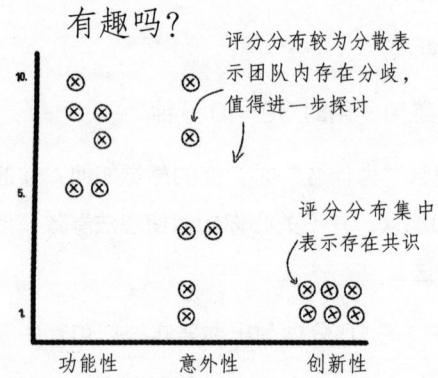

有趣吗？

如果你要驯服一堆狂野的想法，那么就寻找功能得分最高的想法。如果你想保持创新性，那么你就应该选择意外性和功能性得分较高的想法。

思考

你是否曾冒险坚持过具有功能性而不具有创新性的想法？

参考文献

Kersting, K. (2003) What exactly is creativity? Psychologists continue their questto better understand creativity, *American Psychological Association*, 34(10).

Mueller, J. (2014) Managers reject ideas customers want, *Harvard BusinessReview*, July–August.

Osborn, A. (1948) *Your Creative Power*. Scribner.

5.7 移出温室

为什么

你已经测试了创意，试过了原型，现在你在温室里的时间已经结束了。把你培育的创意移植出来，或者，若想法不够好，就将其扔掉。

在这个阶段，你要弄清楚新创意与周围的其他事物之间的关系。你获得的是一个激进的、改变游戏规则的想法，还是只是对已有想法的巧妙改动？这对你把想法介绍给付诸行动的人意味着什么？

在开发阶段结束时，当你不得不拒绝一个想法时，你一定要说明拒绝的原因。如果你只是一时冲动或者凭直觉做出了拒绝的决定，这会发出令人疑惑的信号，并且暗示你没有明确考虑你的项目目标。

知识简介

我们不应当低估在培育真正创新的想法过程中付出的时间和努力。

21 世纪初，乐高为了完成其在玩具市场上的重新定位，试图推出一系列"从未见过"的创新技术。组织内的复杂性大大增加，成本上升，利润下降到了令乐高濒临破产的地步。重建公司时，乐高认识到重新调整、重新配置或重新定义他们的玩具会给公司带来不同的需求。

如果其他人能看出你的想法的价值，他们更可能提供支持。埃弗雷特·罗杰斯确认了导致新创意被迅速采用的 5 个因素：相对优势、兼容性、复杂性、可测性和可观察性。

从一开始直到你对一个创意明确说"不"为止，你都必须为与你一起忙活的人设定明确的方向。罗杰·法尔斯泰因说："人们必须了解创意被拒的原因，然后他们才会返回至其他有益的创意。"

如何做

1. 运用乐高创新矩阵 [13]

- 集体或个人练习，用时 40~60 分钟。需要可选工作表。

当你有很多想法，需要决定哪些是你的优先选择，或者你希望新创意能够开拓一系列创新时，采用这一方法大有裨益。你的创造力越雄心勃勃，对组织的要求就越高。

---

13. 该方法源自罗伯特森（2013）。

- 调整：调整你想要改头换面的项目。这是低风险和低成本的选择。以乐高为例，这就像在乐高星球大战的基础上创造乐高哈利波特，这是"小但非常盈利"的创新。

- 重新架构：在现有类别中提出新的创意组合。乐高的例子是生化战士，它使用了一个故事框架结构，但仍然是可以搭建和玩乐的玩具。这些创新"改变了现有市场的竞争条件"。

- 重新定义类别：改变游戏并开拓新市场。"乐高宇宙"（LEGOUniverse）试图建立一个网络搭建平台，但因速度太慢，被"我的世界"（Minecraft）所击败。这是"最艰难、最具颠覆性的创新类别。"

　　乐高还确认了四种类别的创新，即产品、业务、沟通和流程，它们构成了矩阵的纵轴。

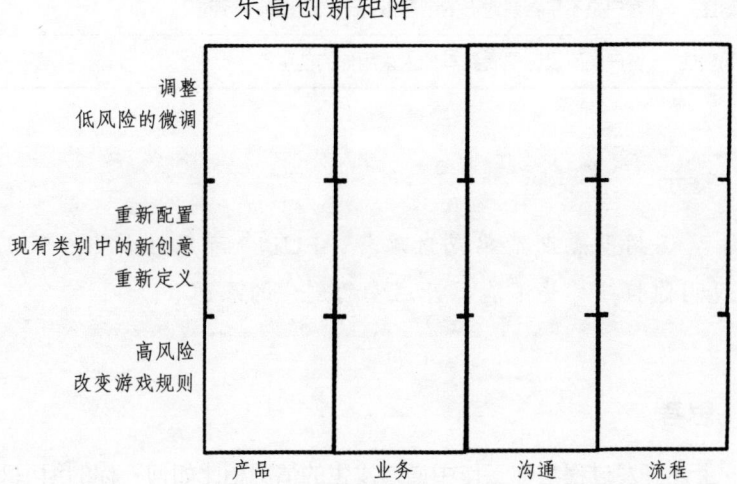

乐高创新矩阵

调整
低风险的微调

重新配置
现有类别中的新创意
重新定义

高风险
改变游戏规则

产品　　业务　　沟通　　流程

来源：根据罗伯特森（2013）

将你的创意列于矩阵内。你的创意是否属于多个类别的创新？为了实现纵轴上的全方位创新，你还需要做什么？你是否同时尝试了太多破坏性的创新？

2. 运用埃弗雷特·罗杰斯的创新清单

- 集体或个人练习，用时 30~40 分钟。

如果你想让幼苗在新环境中茁壮成长，那么你在把它移出温室之前，请根据下面这张清单对其评分。

相对优势	与已有的方案相比，你的创意如何提供更好的解决方案？你怎么证明它比竞争对手的更有优势？
兼容性	你的创意与人们的价值观和信仰有多吻合？它有多接近人们需要或已经了解的事物？
复杂性	理解你的创意有多难？你怎样才能让它看起来不那么复杂？
可测性	客户是不是容易对你的创意进行一次低风险的测试？
可观察性	客户是不是容易看到其他人采用你的创意？

提示

运用罗杰斯清单或者乐趣（FUN）量表（见 5.6 节），说明你拒绝那些不能离开温室的创意的原因。

思考

上述开发过程与你工作中通常发生的情况相比如何？你的组织对颠覆性创新的喜爱程度如何？阐明你拒绝一个创意的理由有何好处？

参考文献

Firestien, R. (1996) *Leading on the Creative Edge: Gaining CompetitiveAdvantage through the Power of Creative Problem Solving*. Pinon Press.

Robertson, D. (2013) *Brick by Brick: How LEGO Rewrote the Rules ofInnovation and Conquered the Global Toy Industry*. Random House BusinessBooks.

Rogers, E.M. (2003) *Diffusion of Innovations*.5th edition.Simon & Schuster.

Simonton, D.K. (2013) Creativity in science, in Fesit, G. and Gorman, M.,*Handbook of the Psychology of Science*. Springer Publishing Company.

第 **6** 章

清除糟糕的想法

6.1 认真对待

发现糟糕的想法是一件很严肃的事情，但它并不意味着你截至目前的创造性过程都是毫无意义的，毕竟你投入了那么多的时间和精力才走到这一步。但是，不管你有多不舒服，在采取行动之前，最好尽力找出错误。

我们都不肯放弃自己的想法，特别是当我们付出了大量的辛劳时。当我们不得不说服别人接受自己的想法时，我们也是极力强调其积极的一面。但是，尽管持积极、乐观和愉快的态度有助于新想法的产生，但它们也会阻碍你发现糟糕的想法。因此，要认真地对待这个问题。

要发现和处理团队中存在的、可能已显露的糟糕想法，你需要掌握一些知识。本章介绍的技巧能为你提供帮助。

想想在采取行动之前，你是如何去核查自己想法中的弱点的。你能多乐意去发现自己想法中的缺陷？

6.2 未知因素

不管我们认为自己的知识有多丰富，我们总有更多不知道的领域。对未知的恐惧阻止了人们采取行动，进行探索或推动变革。如果不进入未知的领域，我们就提不出漂亮的新创意。

我们具有专注于眼前事物的非凡能力，而且我们无视看不到的事物，甚至可能忘记后者的存在。

我们运用心理捷径快速地处理大量信息，这些偏见就如同给马戴上眼罩，能让我们快速地开展工作。

在我们被未知的事物阻碍之前，一切都运转良好。

你有多了解自己的项目？你确信自己获得了所有重要的信息，还是你乐于琢磨部分信息？过去什么时候你曾被未知的信息给难住了？

6.3 趋同思维

长期合作的一群人，其思考模式会趋同。不成文的规则塑造了群体的工作方式及其所持的理念。在社会群体中，人们有寻求和谐的自然倾向。

但是，当思维趋同时，错误滋生的环境就会形成。在思维趋同的团队里，外部意见很难被听到，而且问题也会被隐藏起来，无法得到公开讨论。这可能是因为团队的领导人比较专制，不能容忍异议，也可能是因为下属具有合作的心态，认为团队和谐才是重中之重。

照着做

你是否在具有强烈身份感和文化感的团队中工作过？团队中的人员可以对彼此做事后的批评吗？这样的团队对糟糕的消息、批评或失败会作出何种反应？

6.4 乐观偏见

乐观似乎是很好的，因为乐观的人可以看到一杯半满的水。企业家会看好推出的新业务，新婚夫妇会认为他们能白头偕老、幸福一生。我们在 1 月初成为高档健身房的会员时，就想象着到了夏天我们就会拥有

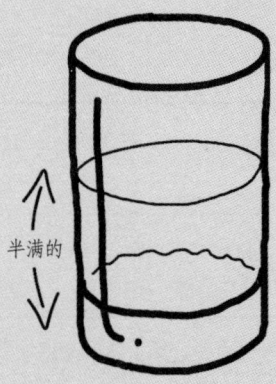

半满的

完美的健美身材。尽管我们的意愿是美好的，但企业可能倒闭、婚姻可能以离婚收场，而健身房的会员卡可能被束之高阁。

这并不是说我们都应当变成悲观主义者。毕竟，如果不乐观，我们就永远不会开启任何新任务或提出新要求。但我们要注意，在关键的时刻，我们要控制住自己的乐观偏见。风险比较高时，不为最坏的情形提前做打算是愚蠢的。

照着做

想想你过去乐观的原因是什么？这种乐观总能被事实证明是合理的吗？

6.5 过度自信

自信是迷人的，我们被自信的人吸引，并常常希望自己能变得更加自信，特别是在工作环境中，但你如何才能区分建立在能力基础上的合理自信和盲目的过度自信呢？这两者表面上看起来其实非常相似。

　　这是我们的心理捷径起作用的另一个领域。如果你喜欢连细节都经过了巧妙处理的精致图片，如果你喜欢饱含情感地预测未来的专家，如果你认为存在即合理，那么这些可能更多地与你的认知偏见而非事实有关。但风险很高时，持怀疑的态度更好一些。

照着做

　　想想你过去听到的或者你完成的最自信的陈述，其中有多少被证明是正确的？

6.6 沉没成本谬误（即难以中止计划的原因）

　　没人喜欢因做错事而失去时间、金钱或名誉。具有讽刺意味的是，这种对损失的厌恶可能适得其反，导致我们在工作开始偏离正轨时，不能及时止损，最终连老本都赔进去。当一个项目迅速恶化时，我们面临的压力可能导致我们无法采取激进的行动。

谈论减少损失很容易，但损失规模可能左右你的想法。有时候梳理损失、总结教训这样的简单行为就能帮助你聚焦于接下来要做的事情。

照着做

回想你工作或学习中投入了大量时间和精力但中途被迫放弃的事情，你当时和之后的感觉如何？为避免重蹈覆辙你会如何做？

6.7 如何从失败中吸取教训

在创造性过程中，你肯定会面临失败，重要的是你如何从失败中走出来。除非你是一名空管员或脑外科医生，否则纠正每一个可能的错误源毫无意义。你没有足够的时间，这么做也很无趣。你不是不能出错，而是要认识到某些错误是不可避免的，而且你要具备快速应变能力。

事实上，不犯错就不会有新事物出现，正是基因的错误导致了生物的进化。许多创新都源自错误，例如青霉素和粘贴便签纸的问世。没有人喜欢失败，但你随时都可能失败，所以要利用好失败。

照着做

你如何看待失败？失败会给你什么样的感觉？你周围的其他人呢？你知道谁在讨论失败的经验教训吗？

6.1 认真对待

为什么

　　你需要抱着好玩的心态来度过创造性过程中的大部分阶段。如果你想获得大量新想法，就要容忍模糊，甚至要容忍错误。你要暂缓判断，看看蜂拥而至的想法会把你带到哪里。错误的想法可能会引发更优秀的想法，错误的假设可能会引发新的见解。

　　发挥想象力需要有趣的头脑，但评估不需要。我们可以不要那么严肃地去思考想法，可以不要那么严肃地去考虑可能性，但我们必须认真对待出现的错误。态度认真并不意味着你要变得愤愤不平、目光深沉或者极其挑剔，你仍然要关注团队动态和情感的细微变化。

知识简介

良好的情绪增强了我们的"认知安逸"感，这意味着我们思考时不仅毫不费力，而且感觉很真实，但这也增加了偏见出现的可能性。心理学家丹尼尔·卡内曼说："心情愉快时，人们变得更加直观和富有创造力，但警觉性会降低，更容易出现逻辑错误。"另一方面，悲伤、警惕、怀疑（和）分析方法都与认知努力的增加有关。换句话说，这时正是我们加强思考的时候。

沉默、耐心、怀疑和谦卑是我们在逐步接近知识前沿的过程中应运用的"消极能力"。这些品质使我们不再假装自己知道一切，它们鼓励其他人帮助我们探索不确定的领域，并指出我们可能犯的错误。

悲伤和恐惧等负面情绪对我们的思维有着重要的影响。根据查尔斯·布内特的说法，悲伤会削弱我们的能量，但同时"让我们集中精力去寻求一个更快乐的状态"。恐惧使我们分析形势，为行动做好准备，并制定避免未来风险的计划。

如何做

1. 设置风险调节器

设想一个可承受风险的调节范围，假设它一端的活动是写诗，另一端的活动是空中交通管制。确定你的项目在这一范围内的位置并将结果告知你的团队。这会释放出一个重要的信号，暗示出你的项目在这个阶段乐于容忍多少错误。

随着时间的推移，对错误的容忍度也在发生变化：你在点击"发送"预发布新闻稿时，对错误的容忍度应该特别低。

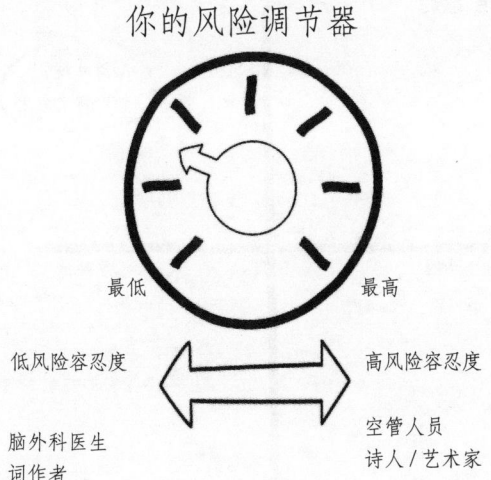

你的风险调节器

最低　　　　　最高

低风险容忍度　　　　高风险容忍度

脑外科医生　　　　空管人员
词作者　　　　　诗人 / 艺术家

我们现在处于哪个位置？随着时间的推移，所处位置会如何变化？

2. 在矩阵图上画出问题

矩阵图能帮助你聚焦于最重要的问题。请参考下面两个实例，了解如何在矩阵图上展示问题。

危险的 vs 可能的

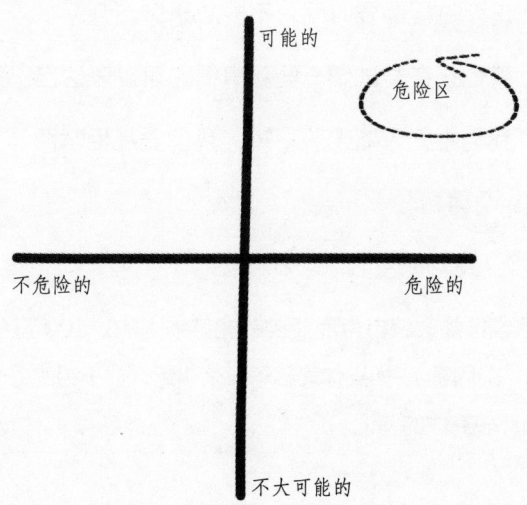

可能的

危险区

不危险的　　　　危险的

不大可能的

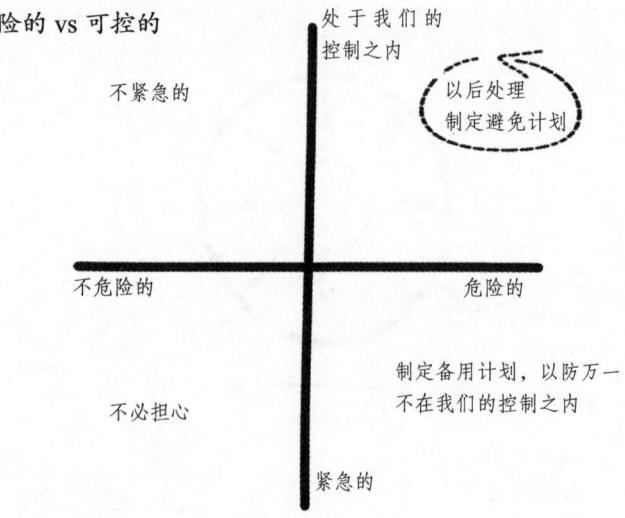

危险的 vs 可控的

3. 发出情绪变化的信号

在不把下一阶段的会议变成战场的情况下，你怎样才能让别人清楚，你要从玩闹的态度变得严肃了呢？在德·索萨和雷纳的负面能力基础上运用如下基本规则：

- 沉默：在思考之前充分倾听所有想法。

- 耐心：这个过程需要时间，不要急于做出判断。

- 怀疑：我们正在尝试做一些新事情，可以表达自己的疑虑。

- 谦卑：我们中无人能无所不知，我们要互相帮助。

4. 找到 99 个问题

- 集体或个人练习，用时 15~20 分钟。

这种发散思维技能改编自卢西亚诺·帕苏埃洛的"100 强名单"技能（已征得 Jay-Z[14] 的同意）。如果你隶属于一个小组，让小组的每个人都单独完成练习，然后比较完成的笔记。

---

14. 原名肖恩·科里·卡特（Shawn Corey Carter），美国嘻哈歌手、唱片制作人、企业家——译者注。

列出你的项目可能遇到的 99 个问题。这似乎是一项艰巨的任务，但要坚持完成，不能半途而废。如果你对项目持怀疑态度，前 30 个问题就会显露出这一点，接下来的 40 个问题会展示出某种模式，最后的 29 个问题则会呈现不寻常的组合，并且可能包含真正的精华。

> **提示**
>
> 不要担心故意找问题会令人灰心丧气。具有讽刺意味的是，我们越不相信某些事物，我们就越得努力地为其搜寻证据。当我要求你只挑出两个很容易解决的问题时，你会怀疑有更多的问题存在（见丹尼尔·卡尼曼在 2011 年出版的著作中对"可获得性灵感"的解释）。

5. 给我一个标志

- 集体练习，用时 30~40 分钟。下载带有警示性标志的图片，例如交通中规定的道路标志。

这种横向思维方法借鉴了横向推进技术（见 3.2 节），意在将持久或不明显的怀疑显露出来。

- 让每个人花 10 分钟时间写下他们认为可能影响项目的所有明显的问题。

- 现在，给每人一张带有警示性标志的卡片。要将卡片随机分发给他们——这里不存在"正确的"警示。

- 让人们思考警示性标志与他们的项目之间可能存在的联系，可参考下面的例子。

给我一个指示牌

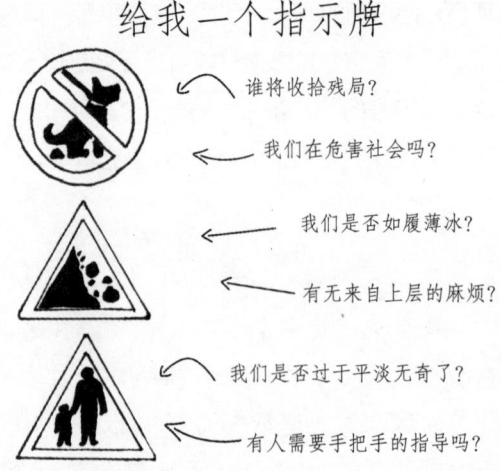

谁将收拾残局?

我们在危害社会吗?

我们是否如履薄冰?

有无来自上层的麻烦?

我们是否过于平淡无奇了?

有人需要手把手的指导吗?

- 首先鼓励大家找出大量的问题,但不必去详细讨论任何问题。鼓励横向思维,解释标志牌时要尽可能地拓宽思路。

- 当大家穷尽了一个标志的所有潜在问题时,给他们发放另一个。

- 10 分钟后,让大家回顾他们列出的第一张清单及在标志牌练习中浮现的其他问题。

- 选定值得深究的问题。

- 将重要的问题以"我们怎样才能……"的句式表述出来,以便进行头脑风暴或派人处理这些问题。

思考

保持认真而又不过于严肃或消极的情绪有多难?你如何看待接受质疑的文化?你身边的其他人呢?

参考文献

Burnette, C. (2009) An emotional basis for design thinking:

http://www.academia.edu/251044/An_Emotional_Basis_for_Design_

Thinking

D' Souza, S. and Renner, D. (2015) *Not Knowing: The Art of Turning Uncertaintyinto Opportunity*. LID Publishing.

Kahneman, D. (2011) *Thinking, Fast and Slow*. Penguin Books.

Passuello, L. (n.d.) Tackle any issue with a List of 100:

https://litemind.com/tackle-any-issue-with-a-list-of-100/

6.2 未知因素

为什么

当被问及美国在伊拉克没有发现任何大规模杀伤性武器的原因时，美国国防部长唐纳德·拉姆斯菲尔德给出了一个日后被政界奉为经典的答案：

> "有些事早已众所周知，有些事我们知道自己知道。有些事早已知道是不可知的，也就是说，我们知道有些事我们并不知道。不过也有些不可知的事我们并不知道。那些我们不知道的事，我们也就不知道。"

抛开政治不谈，拉姆斯菲尔德所说的无疑是对的。无论我们多么努力，有些事情我们不知道自己不知道，我们无法预测、甚至无法想象它们。这些未知的因素可能会彻底破坏我们打算实现的目标。

在复杂和不确定的情况下，我们会发现自己面临未知的因素，不做假设就很难制定计划。难点在于知道哪些假设是可靠的，哪些假设需要接受质疑。

知识简介

我们已经进化到可以根据看到或想到的生动内容就快速做出决策的程度了。就算是证据不足，我们也乐于快速地得出结论。我们隐约知道自己的知识存在缺口，但不清楚缺口有多大。心理学家丹尼尔·卡尼曼说："我们满心相信这个世界是有意义的，这份信心建立在一个稳妥的基础之上：我们最大限度地忽略自己的无知。"

军队规划人员在展望未知的未来时会运用假设分析法。这种方法设想一系列失败的结果，然后通过逆向追踪找到可能的原因，最后形成警告性指示，指出项目在哪里会陷入困境（对外军事和文化研究大学，2012 年）。

《黑天鹅》的作者纳西姆·尼古拉斯·塔勒布对那些相信抽象理论并用这些理论解释未知的、不可预测的、高度破坏性事件的经济学家非常不满。塔勒布写道："为了心理上的舒适，一些人在阿尔卑斯山迷路时，宁愿使用比利牛斯山的地图也不愿不使用任何地图。"

麻省理工学院实验室的伊藤穰一也以无用的地图来形容如何在日益复杂的世界中进行规划。他的建议是：要依靠指南针而不是地图。在旅行中，不要尝试绘制整个区域的地图，而是要设定明确的出行方向并根据不断变化的条件调整旅行（伊藤，2014）。

根据《未知》一书的作者斯蒂文·德·索萨和狄安娜·雷纳的说法，越过我们所知的边界可能是一次解放冒险，它会带来惊喜、兴奋和疑惑。我们应当运用"初学者的心态"来拥抱未知的创造性潜能，因为"对初学者来说，存在诸多可能性，但对专家而言，可能性却很少。"

如何做

1. 进行假设分析 [15]

- 集体或个人练习，用时 30~40 分钟。

对此练习：

- 为你的项目排定理想的时间表，并分成几个关键的阶段。要求小组提出一系列表示项目失败的"假设性"结果。

- 逆向思考，找出可能导致这些"假设"结果的路径。要找出大量路径和原因。

- 10 分钟后，选择最危险和最可能的原因，然后形成一系列警示项目即将偏离正轨的指示或标志。

- 随着项目的开展，保留文档并反复查阅这些指示。

假设分析法

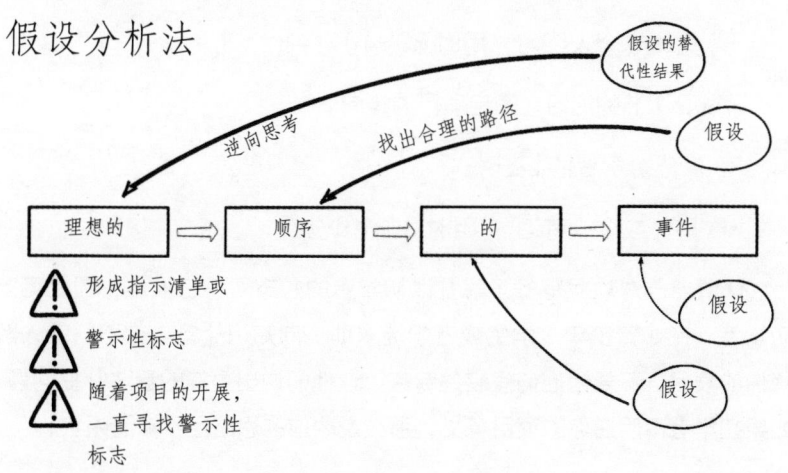

（下一页的示例显示了如何运用假设分析为工作培训计划生成警示性标志。）

---

15. 这一练习改编自对外军事和文化研究大学，2012。

假设分析法

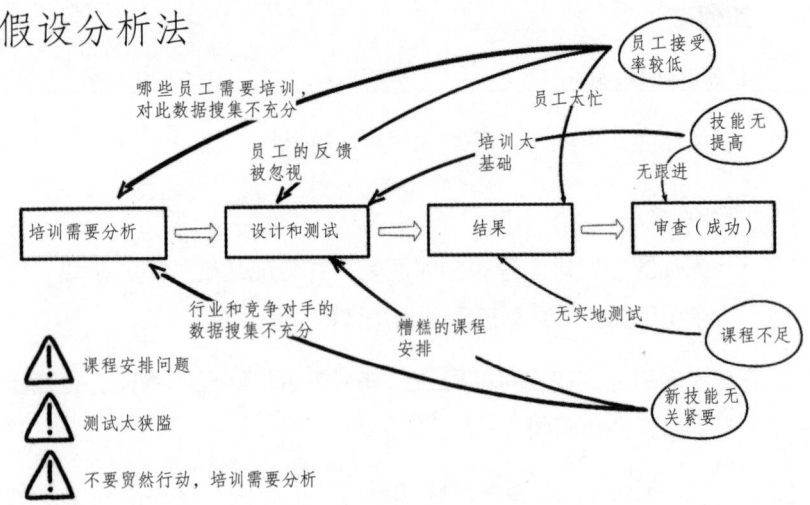

来源：改编自对外军事和文化研究大学（2012）

2. 运用指南针而非地图

- 集体或个人练习，用时 30~40 分钟。

试试 2.1 节的练习，确定项目的走向。

3. 保持初学者的心态

- 集体或个人练习，用时 30~40 分钟。

认清自己对项目有多了解并以初学者的心态对待它很难，因此可向初学者，比如青少年、学生或者学徒求助。向知识储备与你不同的人解释你的项目，不要让他们假装是专家，让他们说出真实的看法并提问题。如果初学者不明白你的项目意义，那么说明你的思路还不够清晰。

思考

现在，学习了这些方法后，你对未知的因素有什么感觉？是感到害怕还是感到兴奋？如果你的知识仍存在缺口，你是否乐意启动一个项目？

参考文献

D'Souza, S. and Renner, D. (2015) *Not Knowing: The Art of Turning Uncertainty into Opportunity*. LID Publishing.

Ito, J. (2014) Want to innovate? Become a 'now-ist'. TED Talks.

Kahneman, D. (2011) *Thinking, Fast and Slow*. Penguin Books.

Taleb, N.N. (2010) *The Black Swan: The Impact of the Highly Improbable*. Penguin Books.

University of Foreign Military and Cultural Studies (2012) *Red Team Handbook*. UFMCS.

6.3 趋同思维

为什么

人是社会性动物，承受着适应环境的巨大压力。我们可能对自己的地位感到不安，当我们知道自己看待世界的方式与周围其他人相同时，我们会得到心灵慰藉。当我们在群体中工作时，遵从意识会悄悄蔓延。

知识简介

埃尔文·贾尼斯曾研究过肯尼迪政府在 1962 年的古巴导弹危机中有多接近战争，"趋同思维"一词就来自这一研究。贾尼斯发现，这个志趣相投的群体对他们的决定过于乐观，而且几乎听不进异议。他们不惜一切代价追求共识，个人还会进行自我审查，而自封的"精神卫士"会让令人尴尬的信息远离组织。

军事理论家将趋同思维视为计划糟糕和操作失误的一大原因。美国军方认为，利用"魔鬼代言人"（devil's advocacy）是对抗趋同思维的一种有效方式。

我们都有解释世界如何运行的心智模式。当我们在群体中工作时，我们的个人模式成为更复杂的群体模式中的一部分。皮克斯创始人埃

德·卡特穆尔说:"随着更多的人加入群体,群体内会出现无法灵活变通的倾向。"

如何做

1. 寻找趋同思维的警示信号

运用改编自埃尔文·贾尼斯的《趋同思维的牺牲品》中的这份清单来辨别你的群体成员是否正在变成顺从者。

警惕下列迹象	当人们说或者认为
无懈可击的幻觉	"这不会失败" "这必定是正确的"
群体固有的道德观	"我们正在做正确的事情" "外人都是错误的 / 疯狂的 / 糟糕的"
审查或自我审查	"你不能这么说" "我不应该这么说"
一致性幻觉	"我们都认为" "人人都知道"
自封的"精神卫士"	"群体的其他人不必知道这个信息"

2. 领导开放的群体

在下次的讨论中，你怎样才能适应埃尔文·贾尼斯推荐的下列这些行为？

接受批评	你如何表明你能接受与你意见相左之人的批评？
阻碍你的观点	你能否在不透露现有偏好或期望的情况下开始讨论？
分裂群体	在比较和发现最出色的想法之前，群体内的小组怎样才能致力于相互竞争的选择方案？
外部的声音	你怎样才能为群体引入替代观点？
替代假说	群体如何为考虑的情况找到替代解释？（见6.2节）
第二次机会	在做出决定后，群体成员是否有渠道表达疑虑？

3. 扮演"魔鬼代言人"

指定一个人在讨论中扮演"魔鬼代言人"，其工作是找出与群体不一致的所有理由。应向这位"魔鬼代言人"讲明，群体内的其他人：

- 倾向于先相信，后找证据。

- 倾向于感知他们期望感知的。

- 忽略不适合的信息。

- 易拘泥于他们言明的立场。

请"魔鬼代言人"通过以下方式证明群体想法的对立面：

- 从相同的证据中得出不同的结论。

或者，

- 找到被忽视的证据。

让群体内的成员定期轮流扮演"魔鬼代言人"的角色。

思考

你的工作群体是否适合上述的趋同思维测试？你是否做了强化这种思维的任何事情？你如何看待指定一名"魔鬼代言人"来推翻你的观点？

参考文献

Catmull, E. and Wallace, A. (2014) *Creativity, Inc. Overcoming the Unseen Forces that Stand in the Way of True Inspiration*.Bantam Press.

Janis, I. (2002) *Victims of Groupthink: A Psychological Study of Foreign-Policy Decisions and Fiascoes*.Wadsworth.

University of Foreign Military and Cultural Studies (2012) *Red Team Handbook*. UFMCS.

6.4 乐观偏见

为什么

乐观是一个很迷人的特征，但它也可能误导我们。让任何人比较自己和他人的能力（例如我们是不是小心谨慎的司机或是不是具有幽默感），你会发现，大多数人认为自己的能力高于平均水平。这是一个统计上不可能但无害的错觉，也就是说，直到我们根据乐观的前景开始做出危险的决策之前，这样的错觉是无害的。

吸烟者通常低估他们罹患癌症的风险，企业家通常低估他们生意失败的风险。

一旦你将时间和精力投入到了项目中，你就会对自己成功的概率感到满意。这很好，你要保持乐观才能在困难时期继续前行。正如诺贝尔奖得主、心理学家丹尼尔·卡尼曼所说的，"当需要采取行动时，即使略带妄想，乐观主义也是件好事。"

所以，让我们继续保持乐观中那适度妄想的一面吧。但在对项目做

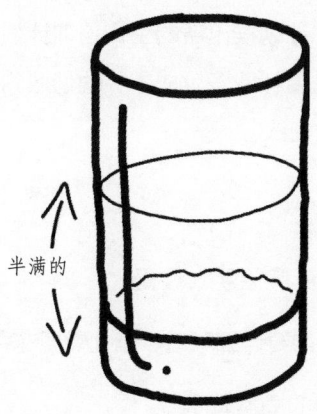

半满的

出大规模投入之前，你还是要做一个理性的检查。那个杯子真的是半满吗？还是只是因为你喜欢这样看？

知识简介

社会科学家理查德·泰勒和卡斯·桑斯坦认为，"不切实际的乐观主义是人类生活的普遍特征"，这可能会对我们的风险观产生深远的影响。乐观可能妨碍我们采取避免错误的合理措施。

美国军事理论家建议说，在军事行动规划阶段，可运用事前剖析法减少乐观偏见。心理学家加里·克莱因博士提出了这一方法，其做法是通过想象最坏的情形来挑战假设。顾名思义，这是在任何事情失败之前进行的调查分析。

与对自己能力的乐观相伴的是，我们对通常发生在熟悉情形中的事情很盲目。根据丹尼尔·卡尼曼和阿莫斯·特沃斯基的说法，这正是如此多的预测和成本估计结果不准确的原因。他们二位提出了"规划谬误"一词，用来描述"不切实际地接近理想状况（且）可通过参考类似案例的数据得到改善"的计划。探求最坏的情形和局外人的观点有助于抑制乐观偏见。

参考其他类似案例的数据对自己的项目做出估计能够减少自己的规

划谬误。例如,如果你计划推出新的工作培训计划,那么在同样规模的公司中,这样的计划需要耗费多少成本?他们遇到了什么样的问题?这种方法被称为参考类预测法。

如何做

1. 用参考类预测法避免规划谬误

弗林夫伯格的方法需要详细琢磨,因此需要花费一定的时间。

- 找到你的项目的同类项目。

- 获取该类项目的相关信息,比如一般的预算和时间表。

- 你比平均水准更便宜或更快地完成项目的理由是什么?

- 确定你能否为更乐观的前景找到理由。

2. 利用外部观点避免规划谬误

你可以向做过类似项目的哪些人寻求建议?让他们回想处于你目前阶段的情形。他们如何评价你的成功概率?他们如何看待你对预算和时间表的估计?他们的估计与你的相比如何?

3. 与团队一起进行事前剖析

- 集体练习,用时 30~40 分钟。需要笔和纸、便签纸、一面墙或挂图。

给人们预设这样的场景:设想我们在一年后的今天已经实施了现有计划,但结果惨败。请写出这次惨败的所有原因。

- 要求每个人单独安静地完成练习,互不影响。

- 要求他们在一张便签纸上写一个理由。

- 10 分钟后,收集所有的便签纸,并将它们分类排列(你可能会发现许多类似的原因)。

- 将便签纸排列在矩阵图中，由整个小组确定哪些原因是最重要的（见 6.1 节的例子）。保留最坏情形的列表，以防它们真的发生。

思考

你是否经常对成功的概率感到乐观？你周围的人呢？在事前剖析阶段，你注意到团队的情绪存在什么问题吗？

参考文献

Flyvbjerg, B. (2006) From Nobel Prize to project management: Getting risks right, *Project Management Journal*, 37(3), 5-15.

Kahneman, D. (2011) *Thinking, Fast and Slow*. Penguin Books.

Klein, G. (1998) *Sources of Power*: How People Make Decisions. MIT Press.

Thaler, R. and Sunstein, C. (2009) Nudge: *Improving Decisions about Health, Wealth and Happiness*.Penguin Books.

University of Foreign Military and Cultural Studies (2012) *Red Team Handbook*. UFMCS.

6.5 过度自信

为什么

自信是非常迷人的特质，我们有时希望自己能更加自信，但基于能力的自信和基于妄想的过度自信之间存在细微的界限。过度自信是众多失败的根源，比如我们在自认为熟悉的城镇迷路、在金融危机爆发之前投资数十亿美元购买设计复杂的金融衍生品等。

无论是我们自己还是专家，都不擅于发现过度自信。许多人类活动如此复杂和难以预测，以至于专家的预测都遭到了挑战。想知道媒体专家对媒体消费趋势的预测有多失败，听听电视台管理人员阿曼多·伊诺努说的话就可见一斑了："专家就说了这些。他们的猜测和你的一样，但更贵。"[16]

知识简介

菲利普·泰特罗克研究了预测专家们在 20 年间做出的政治预测和经济预测。他发现，一旦偏离短期预测，大多数专家的预测与随机的猜测并无二致。

泰特罗克将专家分为两个阵营：刺猬派和狐狸派[17]。刺猬派认准一点，他们有解释世界的理论，并对自己的判断充满信心。狐狸派关注众多事物，他们对理论持怀疑态度，对自己的结论很谦虚。狐狸派成了最可靠的预测者，而刺猬派以其易于解释的世界观得到了媒体更多的关注。

然而，泰特罗克在后续的研究中发现，一些人能一直对复杂的情形做出准确的预测。这些"超级预测者"具有许多特点：他们对外界的看法持开放态度，他们在预测出现错误时会进行"毫不留情的剖析"，而且他们知道如何将棘手的问题分解成更微小的问题。

---

16. 阿曼多·伊诺努在 2015 年的爱丁堡国际电视节（Edinburgh International Television Festival）上的年度主旨演讲（MacTaggart Lecture）。

17. 泰特罗克的比喻来自哲学家以赛亚·伯林的著作《刺猬和狐狸：对托尔斯泰历史观的探讨》（The Hedgehog and the Fox: An Essay on Tolstoy's View of History）。

我们的信心往往更多的源于我们得出结论的轻松程度，而不是证据的说服力。当信息容易得到且能生动地传达给我们时，我们会更加确信我们的结论得到了证实。

要确定自信的专家给出的观点是否可信时需要考虑哪些因素呢？心理学家丹尼尔·卡尼曼和加里·克莱因给出的建议是：一是看专家是否在相当一致的环境中工作，二是看他们是否快速地获得了有关他们行动的反馈。想象一下在湖面上驾驶喷气式划水车和驾驶超级邮轮进入遭暴风雨侵袭的港湾之间的区别。你很快就会对其中的一种情形产生"信任感"。

纳西姆·尼古拉斯·塔勒布只认同两种专家：一种是"自身利益在其中"的专家（例如以实际行动证实自己所言非虚的人），另一种是根据反复试错而非抽象的理论做出判断的专家。

如何做

1. 列出你对自己的意见充满信心的 12 个理由

- 个人练习，用时 10~15 分钟。需要纸和笔。

写出你认为自己正确的 12 个理由，如果很容易做到，那就再增加 8 个。我们大多数人很难找到五六个以上的理由。

当我们很容易找到证据时，我们更倾向于认为某事是真的。具有讽刺意味的是，你为某件事搜寻证据的难度越大，你就越不相信它。因此，这一练习能够消除你的自信度偏见，让你更加实事求是地看待你的项目。

2. 你是否过度自信？

向《专家的政治判断》《黑天鹅》《超级预测》及《思考：快与慢》几本书中的专家（或你自己）提出的问题：

- 环境：你学习专业知识的环境有多一致？随着时间的推移，同一种情形会重复出现吗？有没有可以学习的规则？

- 反馈：你能多快地得到有关自己行动的反馈？你能很容易地根据反馈调整自己的行动？

- 自身利益在其中：如果你的专家判断错误，你会损失什么？

- 实验或理论化：你如何测试你的专业知识？

- 刺猬派表现：你是否具有一个能解释大多数事实的主导性理论？

- 狐狸派表现：你是否认为这个世界是一个难以解释的复杂之地？

- 超级预测者：当你的估计被证明错误时，你能否"毫不留情地进行剖析"？

思考

收敛锐气，变得低调点，你认为如何？

参考文献

Kahneman, D. (2011) *Thinking, Fast and Slow*. Penguin Books.

Taleb, N.N. (2010) *The Black Swan: The Impact of the Highly Improbable. Penguin* Books.

Tetlock, P. (2005) *Expert Political Judgment: How Good Is It? How Can We Know*? Princeton University Press.

Tetlock, P. and Gardner, D. (2015) *Superforecasting: The Art and Science of Prediction*.Random House.

6.6 沉没成本谬误（即难以中止计划的原因）

为什么

你是否有过这样的经历：想捞回损失却损失更多？想捞回赌本却越输

越多？你在错误的道路上前行，你虽然希望能扭转乾坤，但又怕现在回头之前的一切都会白费。

果真如此的话，你就获得沉没成本谬误的一手经验了。在许多防务合同、运输计划和 IT 项目延期或预算超支的背后，都有沉没成本谬误的影子。因为沉默成本谬误，我们会顾虑当前的损失，从而出现严重的判断偏差，以至于我们无法集中精力判断应该是继续还是中止计划。

知识简介

应将沉默成本谬误归咎于我们天生的风险厌恶倾向。想象一下，我们两个用投掷硬币的方法打赌，如果你输了，你给我 1 万块。为了让你参加，我要提供什么奖励呢？是 1 万块、2 万块，还是 5 万块？

大多数人都想以更高的奖励证明风险的合理性，这是因为我们对潜在的损失造成的痛苦比不确定收益带来的快乐更加敏感。我们还有一种替代性偏见，它引诱我们用一个容易的问题去替代一个困难的问题，即用"我对这种损失的感觉如何"替代"我扭转乾坤的机会是什么"。

作家凯瑟琳·舒尔茨认为："无论沉没成本有多高，它都不能使错误的信念变正确。"但这些损失能够影响我们对信念的忠诚度。"我已经告诉过你这一点了"，有关它的一丝暗示都可能强化你坚持原有观点的决心。舒尔茨写道："无论对他人的错误是多么的幸灾乐祸，也不会让人们改变他们的想法并认同我们的理念。"

发出每个人都可能犯错的提醒会更有成效。一些组织为了避免损失厌恶，会有意识地将其损失转化为经验教训。

如何做

1. 测试你们的损失厌恶程度

- 集体练习，用时 10 分钟。

在讨论关于中止计划的任何议题之前，完成这一简短的练习。

- 让小组的人投掷硬币，假定输了的人要自掏 1 万块。

- 让每个人默默地思考一会儿，然后写下他们冒险参与这个赌局想要的奖励金额。

- 获取小组成员的答案。确认人们想要的奖励金额之间的差异。

向小组成员解释，这是对风险厌恶程度的测试，对所有人都适用（因此这一测试并无"正确"的答案）。向他们指出，真正的、直接的损失是痛苦的，但我们不能让这种痛苦干扰了我们对正确行为方式的判断。

无论你在项目上投入了多少时间和资金，无论你是否继续前行，你都已经失去了你的投入。你无法捞回它们，继续下去的话，你可能赔了夫人又折兵。

2. 制定使人谦恭的基本规则

向小组解释，任何"我告诉过你这一点"之类的话都不能在讨论中出现，因为这些话只会让人们更加坚持旧观点。提醒人们，人无完人，都会犯错。如果你这次做对了，那可能只是因为你得到了幸运女神的眷顾，但下次你就可能做错。

3. 从失败中吸取经验教训

- 个人或集体练习，用时 40~60 分钟。需要工作表。

这一方法需要折叠纸张，这样在有关继续还是中止计划的讨论中，它能形象地去除你已失去的东西，同时巧妙地将损失转化成了有关经验教训的讨论的出发点。

沿虚线折叠

- 填写表格第一面除了要求你评价成功概率之外的所有方框。

- 沿虚线折叠纸张并翻转。现在，"投入"框成了工作表另一面问题的起点。填写你吸取的经验及共享这些经验的人。

- 现在你可以返回到工作表的第一面，并讨论是继续还是中止计划的问题。

- 将"投入"框折叠到视线以外，因为到目前为止的损失不应该成为决定你是否继续的因素。

沉没成本谬误

初始目标和假设

问题和可能的解决方案

实现初始目标的几率

继续下去的成本

继续还是中止

截至目前的投入
时间
金钱
资源

截至目前的投入

时间
金钱
资源

我们得到了有关下列要素的哪些经验：

人员
流程
假设

我们需要将这些经验与谁分享？

思考

你做出继续或中止计划的判断时，能多容易地消除已确认的损失带来的痛苦？这是否有助于你根据吸取的经验重新界定损失？

参考文献

Heffernan, M. (2015) *Beyond Measure: The Big Impact of Small Changes*.TEDAudio Books.

Kahneman, D. (2011) *Thinking, Fast and Slow*. Penguin Books.

Schulz, K. (2015) *Being Wrong: Adventures in the Margins of Error*. Portobello Publishers.

6.7 如何从失败中吸取教训

为什么

人不犯错，就很难从失败中吸取教训。尽管我们会在生活中的某个阶段经历失败，尽管我们可以吸取经验教训，但我们发现，讨论失败仍是非常困难的。错误会让人感到不愉快，因此我们极力避免失败或者在失败时极力逃避责任。

但我们可以对错误持更乐观的看法：将它视为可吸取的教训，视为获得更美好事物的"补给站"，视为个人成长过程中的一个必经阶段。出现不可避免的错误时，你可能会从中得到一些益处，但你应当意识到，对所有人而言，失败从感情上都是难以接受的。

商业作家玛格丽特·赫弗南称，"善意的失败"应被视为学习的源泉而非耻辱。这里有一个重要的限定条件，犯错误的是心怀善意的人。如果他们是出于故意或恶意（而且确实犯了错），那就另当别论了。事实上，后者是纪律问题，不属于本书的探讨范围。

知识简介

倡导"公正文化"的组织在讨论失败时，会与讨论新想法时一样持谦卑和慷慨的心态。一些公司会记录所有错误并与其他员工进行分享，这样的行为释放了两条信息：人无完人，我们承认错误的决定是正确的。

克里斯·阿吉里斯表示，许多受过高等教育的成功人士都未学会如何从失败中学习。当情势急转直下时，他们不会思考自己的错误，而是百般争辩、指责他人。他写道："他们恰好在最需要的时候关闭了学习之门。"领导者要率先垂范，反思决策背后的想法和情绪。我们要将对思考过程的质疑视为"学习的宝贵机会而不是不信任或侵犯隐私的信号"。

我们能够提高失败后重新振作的能力。根据卡罗尔·德韦克的说法，复原力的强弱取决于你持成长心态还是固定心态。心态固定的人往往视能力为天生的，他们习惯于被告知自己擅长于（或不擅长于）特定的任务，他们在失败后会对自己产生怀疑。

成长心态意味着，你认为能力源自实践。可以通过赞美过程而不是个性来鼓励成长心态（"你在这方面很努力"而非"你很擅长这方面"）。持成长心态的人在失败后会怀疑过程，因此他们愿意改变方式进行再次尝试。

根据谷歌人力资源主管拉斯洛·博克的说法，未能实现一个雄心勃勃的目标要比未能实现一个更为温和的目标收获更多。这正是谷歌实验"无人驾驶汽车"和谷歌眼镜这类新奇事物背后的一大原因。博克的"重振规则（Rules for Screwing Up）"包括：承认错误，保持透明……知错就改，从错误中吸取教训并与人分享。

大多数人都同意，当一个项目完成或失败时应进行全面的事后剖析。试着邀请外部人士加入，因为旁观者清，他们更清楚你哪里有问题，你在哪里根据少量证据匆忙地得出了结论。你也应当对成功进行事后的剖析。也许你获得成功只是因为运气好，谁知道呢。

如何做

1. 如何进行事后剖析

- 集体练习，用时 30~40 分钟。

对此练习：

- 为讨论错误设定正确的基调（见 6.6 节）。

- 可能的情况下，邀请外部观察人员参加。

- 记住，在完成事后剖析后要采取行动。

- 尝试完成下面的表格：

或者你也可以使用沉没成本谬误表格（见 6.6 节）进行事后剖析，用"我们怎样才能在下次做得更好"代替"我们应当继续还是中止"。

进行事后剖析的三种
不同方式

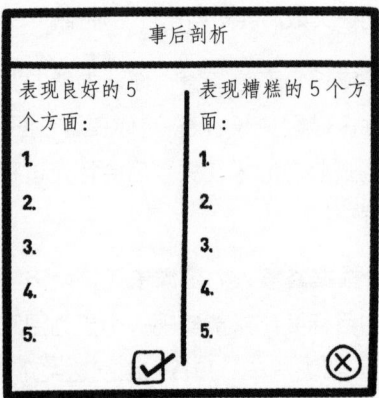

喜爱、学习和抛弃的

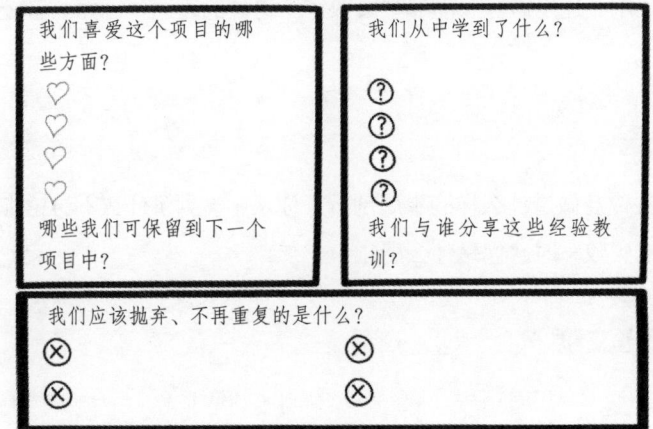

从错误中吸取教训并教导他人？

拉斯洛·博克

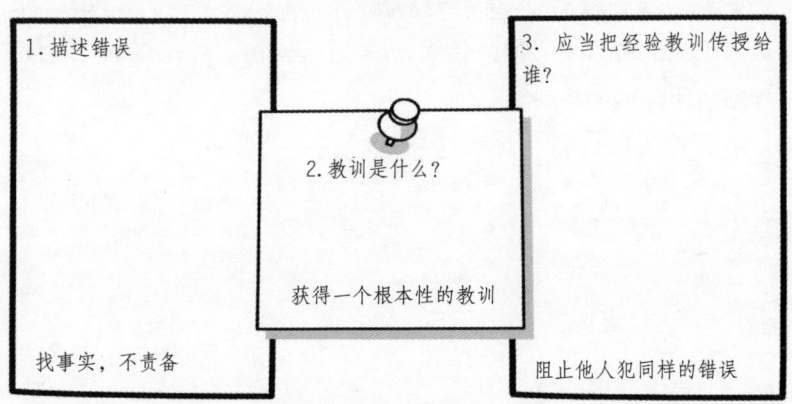

2. 倡导成长心态

按照卡罗尔·德韦克的提示行事：

• 赞扬要明智：对事不对人，奖励良好的行为、战略和进步，不要赞美人有多聪明或正确。

- 走出舒适区，重新审视困难并学习新技能。

- 用"还没做好"而非"失败了"这样的表述，因为前者还有改进的机会。

思考

过去你曾做过什么样的事后剖析？你从中学到了什么？讨论你自己的"善意的失败"时，你是什么感觉？

参考文献

Argyris, C. (1991) Teaching smart people how to learn, *Harvard Business Review*, May-June.

Bock, L. (2015) *Work Rules! Insights from Google that Will Transform How You Live and Lead*. John Murray.

Dweck, C.S. (2006) *Mindset: The New Psychology of Success*. Ballantine Books. Heffernan, M. (2015) *Beyond Measure: The Big Impact of Small Changes*.TED Audio Books.

Kahneman, D. (2011) *Thinking, Fast and Slow*. Penguin Books.

第 **7** 章

说服他人接受你的最佳想法

7.1 你、观众和你的信息

无路是做演讲、写报告还是寻求社会媒体的关注，你都必须学会如何让重要的人接受你的最佳想法。

如果别人都不知道，那么你的想法再绝妙也没用。但是，你在考虑信息的细节之前，要先考虑自己和观众。为什么你要引起我们的关注？是什么促使你接触我们？

最后，你希望观众们非常熟悉你的故事，以至于他们会将故事讲给他人听。让你的观众站在你这一边，之后再解释细节和想法背后的逻辑就会容易多了。

开始处理信息的细节时，想想你该如何写，如何说。你的声音自然吗？你会使用行话或商业流行语吗？

照着做

听听你自己和周围人的讲话，谁说得比较清楚？谁写得比较明确？对其他人有什么影响？

7.2 保持信息真实、原创和简洁

我们每天看到或听到的单词加起来多达 10 万个。你不是唯一想讲故事的人，那你怎样才能使自己的声音被别人听到，而不被嘈杂声淹没呢？

你是否经常发现自己又绕回了陈词滥调中？它们往往包含着核心的真理，却常常使人们感到沉闷。人们不再听你讲，是因为他们认为自己知道你接下来会说什么。如果你想说一些新的、独特的事情，陈词滥调会起反作用。

若要保持信息真实，就更不要使用陈词滥调。尽可能多地使用图像、实物和日常用语，不要使用抽象术语。仔细观察正在发生的事情，用自己的话进行描述。不要满足于照搬别人创造的现成术语，因为它们的价值可能已经被挖掘光了。

保持简单。你给予观众的最大尊重是对他们时间的尊重,尽可能少地占用他们的时间,让他们期待更多。

照着做

想想你是如何描述你的工作的,你什么时候使用了陈词滥调、行话或抽象术语?当听到别人也这么说话时你作何感想?

7.3 神奇的数字 3(及其他修辞工具)

自古希腊时代以来,人们就一直在研究打造一条强大信息的门道。到了今天,修辞法仍然很有用,运用它们来修饰你的信息,人们不仅会倾听,更重要的是,他们会记住你希望他们记住的要点。

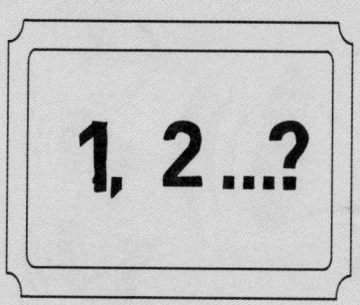

本节中,我们将介绍你传达想法时可用的三种常用修辞方法:重复、省略和重构。为什么是 3 种呢?因为 3 是个神奇的数字,重复 3 次就会形成一种模式,但尚构不成一张清单,用它能确定基调和结构,帮助观众预知接下来发生的事情。

有时候,信息中的哪一部分最重要是不言而喻的,省略法允许观众自己填补空白。当我们必须亲自动手做某些工作时,我们更有可能记住一条信息。有时候我们记得最清楚的是信息框架,特别是当重构让我们以不同的方式看待世界时。

照着做

想想你记得最清楚的其他项目的信息，是什么让它深深地印在你的脑海里？它使用了什么词汇或修辞法使你现在都对它记忆犹新？

7.4 迅速传播

从理论上讲，互联网使得交流环境更加公平，任何人都可以无成本地接触到数以百万计的观众。但是，仍然有一些平台靠旧的商业模式运营，即营销预算最高的喊得最响。有大量的信息出自这样的平台。

研究传播迅速的信息可以学到很多知识，让你了解人们在网络上分享信息的原因。我们与其他人分享什么内容呢？我们如何让其他人传播我们的信息呢？我们想要获得什么结果和反应呢？

照着做

写下过去几天你在网络上共享的所有内容，你为什么分享它们？你与谁分享了它们？

7.5 精彩的故事

要让人们倾听你的想法，最简单、最快捷的方式就是把它当成故事来讲。这并不意味着你要将每一份报告和电子表格都转换成动人的故事，但你确实可利用精彩的故事吸引观众。卓越的故事讲述者会重复利用精彩的故事。一些是直接改编，比如将《哈姆雷特》置于一群摩托车骑手中（电视剧《混乱之子》）；另一些则呼应了时代的要求，反映了人类普遍的需求。你可以运用从精彩的故事中学到的技巧来完善你的信息。

你可以专注于故事中的英雄及其变化，你可以给周围的人赋予导师、盟友和敌人的角色。你可以将你的项目描述为一个向最终目标挺进的旅程。你可以想到触发因素、挫折、抉择和高潮。这不仅有助于你表达自己的想法，而且可以使你的想法更强大。

照着做

你周围的人是否经常用精彩的故事来吸引观众？当有人对你采用这种方式时，你作何感想？你最近一次对其他人转述了什么精彩故事？

7.6 测试你的故事

检测你的故事是否有效的最佳方式是讲述它。先从朋友或同事开始，然后转向那些可能不太重要的人。如果你能够引起他们的注意，甚至能让他们从中学习到什么并提出问题，那么就说明你做得很出色。

你的故事与现实生活和日常体验相关吗？它能给人身临其境之感吗？它令人难忘吗？它对引起人们的情感共鸣和理性思考吗？

一些简单的方法可测试你使用的语言。可运用迷雾指数（Gunning Fog Index）或者简单通顺指数（SMOG）在线测试你所写的文字的可读性。

你得到的分数越高，最广泛的受众对你文字的访问量就越少。高分意味着人们要读懂你的文字需要付出更多的努力。鉴于你的项目性质，高层次的技术性写作可能必不可少，但那可能产生不利的影响。

照着做

选出你最近撰写的与项目有关的长篇幅电子邮件或报告，将其文本放入文字云软件（word cloud software）进行检测，看看行话或商业术语有多少。

7.7 传递创意火花

故事讲述人的最后一招是，学会如何传递点燃你最初激情的火花。如果你处于项目或创造性过程的早期阶段，做到这一点可能需要很长的时间。你要说服支持者和购买者，让他们相信你会努力完成项目，这意味着你要向他们展示你如此在乎项目的原因。

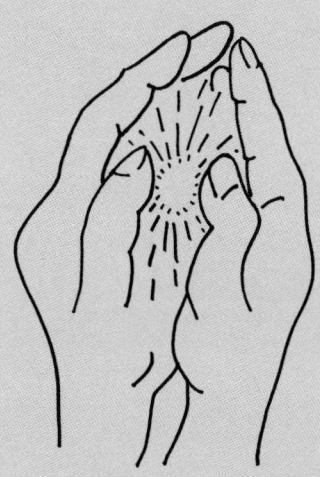

这可能意味你要将个人信息渗透进故事中，这会泄露一些自己的信息，这还可能意味着你要展示你的想法如何促使你发生了改变。

做好了这一点，你不仅会得到人们对你项目的支持，你还会把创意的火花传递给他们，点燃他们对你这个项目的激情。

照着做

问自己为什么那么在乎这个项目？点燃你激情的火花是什么？

详解

7.1 你、观众和你的信息

为什么

想让人们支持你的想法，先要让他们听到你的想法。当我们听到某个人的想法时，我们脑子里常常在想："等一下，说话的人是谁？为什么我要在乎他的想法？"因此，你必须先明确你是谁，以及人们为什么要听你讲话。

接下来要解决的问题是，弄清楚观众对你的需求。你要向他们表明，你已经注意到了他们的期望和看法。

讲话时要用观众能理解的词汇，不要使用令人沉闷的语言，不要自说自话。即使你的观众使用了商业术语，你也要帮他们一个忙，用日常用语重述这些术语，给它们带来耳目一新的变化。

知识简介

早在政治顾问、TED 大会或新闻发布会出现之前，古希腊人就已经掌握了传达信息的艺术。亚里士多德的修辞学认为，有说服力的论点具有以下 3 个关键要素：

- 人格（Ethos）：对应于你的性格和价值观。它回答这一问题：你为什么要对我们讲话？

- 情感（Pathos）：对应于观众的感受。它回答这一问题：为什么我们要听你讲话？

- 逻辑（Logos）：支持你的论据的逻辑和理由。

如果你忽视了人格和情感，无论你的论证逻辑有多强，你都会失去观众。

根据撰稿人肯尼斯·罗曼和乔尔·拉斐尔森的说法，"写得好的人，做得也不会差"。一般情况下，我们通过文字留下第一印象。

写不清和说不明是因为思维不清晰。如果你是某个领域的顶尖人物，那么你必须清晰地展现你自己。如果你正在奋力前行，你必须向他人表明，你值得他们信任。无论哪一种，你都必须有意识地写清楚。

如何做

1. 弄清楚你写作如此糟糕的原因

写作糟糕实际上可能是恐惧导致的。我们中的许多人都患有"冒牌者综合征（imposter syndrome）"，即认为自己不属于某个群体，而且认为别人很快就会发现这一点。我们试图通过重复从周围人那里听到的行话和词汇来融入这个群体，然而我们又担心自己说的话会伤害到听众，因此我们求助于"瘦身"这样委婉的词语，但结果是痛苦没消除，不信任感却增加了。

当你坐下来写作或站起来说话时，你害怕什么？写出令你恐惧的事项。它们如同危险的信号，预示着你糟糕的写作。

2. 思考人格、情感和逻辑

- 集体或个人练习，用时 20~30 分钟。需要可选工作表。

创建两个大方框，分别标记为"人格"和"情感"。

- 在人格方框内写下你确信的内容。你的价值观是什么？为什么你的价值观会决定你的行为方式？（如果你不确定项目背后的价值观，试试第 2 章中介绍的工具。）

- 在情感方框内写下与观众有关的内容：他们的价值观是什么？他们喜欢什么样的语言？你如何引起他们的情感共鸣？

- 在逻辑方框内写出支持你的主要论据的逻辑和理由。

突出"人格"和"情感"方框的内容有助于引入或增强你的论据。

人格、情感和逻辑

人格：你的性格和价值观
为什么你要对我们讲话？

情感：观众的想法和感受
为什么我们要听你讲？

逻辑：支持论据的理由
你怎样说服我们？

3. 向 20 世纪的散文大师学习写作之道

简短的词最好，又短又古老的词最好。

——温斯顿·丘吉尔

看看你使用的长词，你能在不改变意思的前提下替换它们吗？行话呢，你真的需要它们吗？观众能理解吗？

能用主动语态就绝不要用被动语态。

——乔治·奥威尔

被动意味着含糊其辞、逃避责任。不要写"关系得到了升级"，要告诉我们谁对谁说了什么。检查你写的内容，找出行动责任人不具体、不明确之处。为什么要对这个问题含糊其辞？你想隐瞒什么？如果你使用的是被动语态，那么请删除它或将其改为主动语态。

用你交谈时的口吻来写作，写得要自然。绝对不要使用"再次赋以概念""去一体化""态度主导地""根据判断地"之类的专业术语。它们会让你看起来像个自负的蠢货。

——大卫·奥格威

已经说得够多了，现在找出行话并删除它们吧！

思考

聚焦于观众会如何改变你构造信息的方式？什么对观众重要？什么对你重要？二者有何不同？

参考文献

Aristotle (1991) Rhetoric (trans W. Rhys Roberts). Penguin Classics.

Roman, K. and Raphaelson, J. (2000) *Writing that Works: How to Communicate Effectively in Business*.HarperCollins.

7.2 保持信息真实、原创和简洁

为什么

听别人讲话时，你有多少次表现得目光呆滞？或者在听别人朗读某个段落时，你有多少次走了神？也许你尽了力，但你确实开始讨厌那个发出声音的人了。如果你希望人们倾听你的想法，甚至记住你的想法，你的信息就要真实、原创和简单。

知识简介

企业文化往往重视书面报告和口头演讲，对感官经验重视不足。但是，展示你的想法原型，无论它有多粗糙，都能吸引有着不同学习风格的人，并鼓励其他人在你的想法基础上进一步创新。

乔治·奥威尔认为，使用陈词滥调和陈旧的短语意味着用别人的话进行思考。奥威尔建议写作者"在能用图片或是感觉将意思表达清楚的地方，尽量不使用文字"。只有这样，你才能找到最能描述你脑海中的形象的词语，而不是使用现有的词语。奥威尔是这样描述作家使用陈词滥调的："一大堆老套短语的堆砌扼住了作者的咽喉，就好像茶叶堵塞了下水道一样。"

优秀的文案人员知道，少即是多，简化是他们的一大诀窍。根据多米尼克·盖廷斯的说法，简化意味着"简单阐述，明确展示"。你必须对自己的信息冷酷无情，因为没有人会纠正你。当你的表达不出色时，人们会停止倾听。

如何做

1. 让信息真实

- 集体或个人练习，用时 30~40 分钟。

你如何把想法变成现实？

- 原型：你做了什么能证明你的项目正在推进的事情，无论它有多粗糙？

- 替代：你可以用什么实物"替身"来表示一个无形的想法？例如，如果你想让新的培训计划奏效，可为你的观众提供一些不熟悉的 DIY 工具并且问他们："如果我为你们提供了工作的新工具，你们会感觉如何？你们需要多长时间才能熟练地使用它们？"这样，你便将培训比喻成了工具，并以实际的感受强化了这一比喻的效果。

- 角色扮演：你如何演示有关项目的对话或剧情？

- 实地测试：你如何实地测试你的想法并显示结果？你能用视频或照片来展示人们对你想法的真实反应吗？

2. 让信息原创

- 集体或个人练习，用时 30~40 分钟。需要纸、笔、可选工作表。

运用乔治·奥威尔的四个问题：

- 我想说什么？

- 用什么词语能表达？

- 什么样的图像或习惯用语能使表达更明确？

- 这一图像是否新颖有效？

试着运用下面的工作表获取大量不同的图像和习惯用语，然后看看你能利用哪些为你的信息制作出令人耳目一新的图像。

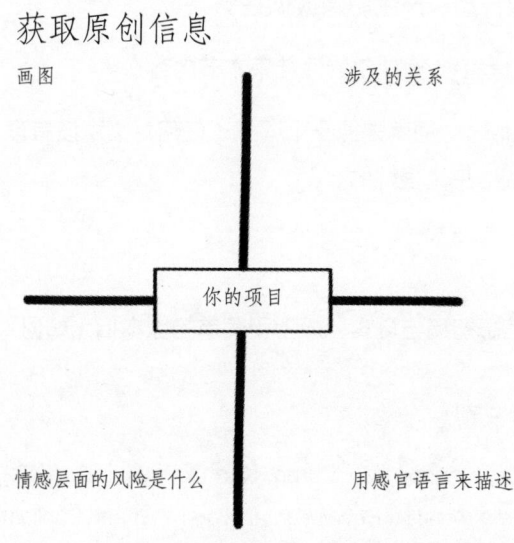

获取原创信息

画图　　　　　　　　　　　　　涉及的关系

你的项目

情感层面的风险是什么　　　　　用感官语言来描述

通过图片或感觉尽可能清晰地获悉一个人的意思。

——乔治·奥威尔

3. 让信息简单

- 集体或个人练习，用时 30~40 分钟，需要纸和笔。

遵循优秀文案人员的指导原则，核查以下内容：

- 被动语态：变为主动语态。

- 括号（句子中的句子）：将它们拆分成较短的句子。

- 陈词滥调："尽可能地去掉陈词滥调，它们又不是濒危物种。"

- 长词：用短词代替。除非绝对有必要，否则，不要使用多于三个音节的单词。

- 对解释行为无益的动词：能直接用"提高"时为什么要用"带来提高"？

- 抽象名词：让抽象与真实的人、事物和地点联系起来。

- 名词做动词用：瀑布倾泻而下，人类不会——我们也不会采取行动、产生影响或做任务。

我们以乔治·奥威尔的话结束本节内容：

"能去掉一个词就去掉一个词……任何对文章没有意义的词都会弱化其力量，简洁总是更好的。"

思考

你的信息初稿与真实、原创和简单的版本相比如何？

参考文献

Allan, D., Kingdon, M., Murrin, K. and Rudkin, D. (2002) Sticky Wisdom: How to Start a Creative Revolution at Work. ?WhatIf! Publications.

Gettins, D. (2000) How to Write Great Copy: Learn the Unwritten Rules of Copywriting.Kogan Page.

Lynch, C. (2014) Business writers, here's why you really need to master the parts of speech: http://www.dorisandbertie.com/goodcopybadcopy/2011/06/14/business-writersheres-why-you-really-need-to-master-the-parts-of-speech/

Orwell, G. (1946) Politics and the English Language.Horizon.

7.3 神奇的数字 3（及其他修辞工具）

为什么

回想令人难忘的演讲或文章，演讲人或文章的作者肯定使用了某些修辞方法来传达他们的信息。这些方法不能为你写作，却能改善你的写作风格，使之令人记忆深刻。

我们在此介绍三种修辞方法，即三点法、省略法和重构法，你可以运用它们使你的表达脱颖而出。

知识简介

我们用短时工作记忆来处理自己所听到的话，但只能记住四分之一的内容。我们的大脑利用模式识别来计算哪些部分可以保存。三个单词一组的应用非常广泛，因为将复杂的对象分解为三个部分有助于我们记住细节，例如广告语"一天一颗金星巧克力，保你工作、休息、娱乐随心意（A Mars a day helps you work, rest and play）""我来，我见，我征服！（Veni, vidi, vici）""生命、自由和对幸福的追求（Life, liberty and the pursuit of happiness）"。

留白有时候能使信息变得更强大。省略法能奏效是因为我们潜意识里希望世界有意义，因此，我们急于填补故事的空白。欧内斯特·海明威用一个令人心碎的六字故事完美地诠释了这一点：

售全新婴儿鞋。（For sale.Baby shoes.Never worn.）

重构或重新定义一种情境需要费一番脑力，我们常常避免这样做，但重构的力量非常强大，它能影响我们的思维和行为方式。英国政府的行为洞见小组（Behavioural Insights Team）（即助推单位，Nudge

Unit）每年在器官移植登记册上增加 100000 名器官捐献者的名字，他们只需要问潜在的捐献者一个问题：当你自己有需要时，是否能接受捐献的器官。他们重新定义了情境，让人们站在潜在接受者的立场思考器官捐献问题。

如何做

1. 组织你的想法

- 集体或个人练习，用时 30~40 分钟。

为你的项目写一个简单的总结，确保它意思明确，没有行话（试试 2.7 节的"表述的简洁性"练习）。现在写出 3 个子标题："原因"、"棘手的问题"和"后续步骤"。在每个子标题下写出 3 个陈述或问题。一直重写它们，直到它们变得短小简单为止。现在回头审视你所写的一切。你的听众可能只记得住你告诉他们的 3 件事，那这 3 件事应该是什么呢？

三点思维法

总结		
原因 1. 2. 3.	**棘手的问题** 1. 2. 3.	**后续步骤** 1. 2. 3.

2. 省略法——让他们想要更多

- 集体或个人练习，用时 30~40 分钟。需要纸和笔。

写出你的想法初稿，审视并提出下列问题：

- 我能省略哪些内容？

- 对于省略的内容我怎样才能留下暗示？

- 大家会自行填补什么内容？

- 我怎样才能让大家提出"接下来发生了什么"或"我们是怎么走到这一步的"的疑问？

- 我怎样才能吊足他们的胃口？

或者你可以向海明威学习，用 6 个单词写出你的信息。

3. 重构——改变你看到的、谈到的有关项目的内容

- 集体或个人练习，用时 30~40 分钟。需要纸、笔、分类词典和可选工作表。

重构

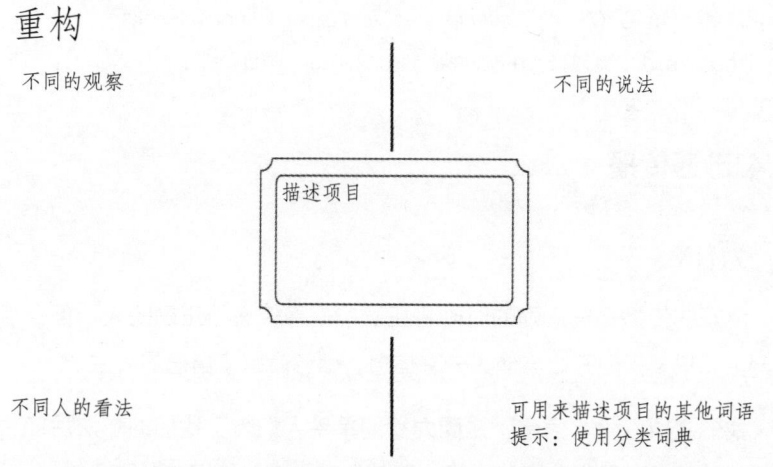

不同的观察

不同的说法

描述项目

不同人的看法

可用来描述项目的其他词语
提示：使用分类词典

在纸的中央描述你的项目，围绕描述的内容画出一个方框。在方框外写出对项目的全方位评价。思考其他人如何看待这个项目。另一方面，写出能够用以描述项目的所有不同词汇。

现在看看这些替代方案能否让你重构你的项目。

提示

当使用分类词典查找反义词。

思考

将你的信息与初稿进行对比，它有所改进吗？让你的朋友和支持你的同事试一试，他们会觉得你的信息令人难忘吗？

参考文献

Behavioural Insights Team (2014) *EAST: Four Simple Ways to Apply Behavioural Insights*.Cabinet Office.

Gallo, C. (2014) *Talk Like TED: The 9 Public Speaking Secrets of the World's Top Minds*.Macmillan.

Kahneman, D. (2011) *Thinking, Fast and Slow*. Penguin Books.

Treasure, J. (2011) Five ways to listen better. TED Talks.

7.4 迅速传播

为什么

良好的传播是在正确的时间将正确的信息传递给正确的人，但在互联网上，只要人们开始与他人分享信息，信息就有了自己的人生。

我们之所以分享信息，是因为我们希望人们听了我们的想法后能将其传达给他人。我们分享什么取决于信息的内容和我们的自我评价。

知识简介

乔纳·伯杰认为，说话和分享是人类的基本行为。我们最有可能分享的是能激发强烈情感的积极信息。伯杰确定了 6 种使信息在网络上广泛传播的成分，这样的信息"包含社交货币、容易被激活、能激发情感、有公共性和实用价值、能融入故事的想法"。

很多时候，我们分享信息是为了证明自己有多聪明、多富有同情心、多有趣或者多在乎所处的群体。根据 Vsauce（在 YouTube 上有 1400 万用户）的创始人迈克尔·史蒂文斯的说法，分享可以是"情感馈赠（emotional gifting）"。我们试图通过为他人提供有用的信息来改善与他们之间的关系。

《纽约时报》的一项研究确认了 6 种类型的分享，每一种分享都有自己的动机，其中包括希望他人认为自己是有帮助的、聪明的人，以及希望自己是对话的一方或想法的一部分。

如何做

1. 思考人们为什么在网络上分享信息

· 集体或个人练习，用时 30~40 分钟。

思考分享你的项目的信息如何能帮助人们更好地展示自己。你的信息能成为其他人的"情感馈赠"吗？你的信息能给其他人提供实用的建议吗，比如如何节省时间和金钱？你如何让人们彼此产生联系，而不仅仅是与你产生联系？

2. 增加传播你的信息的机会

· 集体或个人练习，用时 30~40 分钟。需要一些工作表。

这一练习将指导你利用本书其他章节的知识使你的病毒式信息更具共享性。

如果信息包含的内容具有如下特征	我分享信息是因为我想让接受者感到	分享信息让我看起来
料想不到的	震惊、意外	像第一个知道的人 像知道内幕的人
有趣的	愉快、兴高采烈	是幽默的
令人敬畏的	深受鼓舞、振作	是消息灵通的、聪明的
慈悲的	富有同情心、受感动	与你具有相同的价值观
生气的	愤怒	是挑衅的、别有用心的
有实用价值的	感恩	是务实的、体贴周到的

病毒式信息决策工具

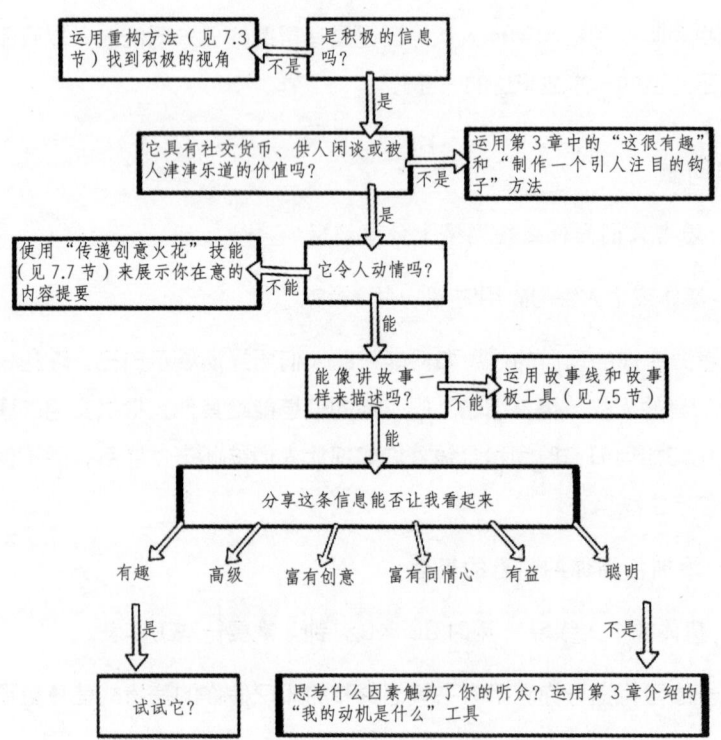

思考

尝试着将你的病毒式的信息用作博客或者社交媒体的推文。与平常的推文相比，它是否能得到更多的回应？

参考文献

Berger, J. (2013) Contagious: Why Things Catch On. Simon & Schuster.

New York Times Customer Insight Group (2015) The Psychology of Sharing. New York Times.

Stevens, M. (2015) Speech to Children's Media Conference, UK, July.

7.5 精彩的故事

为什么

从孩童时代起，我们就喜爱听故事。当我们喜爱的英雄胜利时，我们欢呼雀跃；当他们受到损伤时，我们也跟着难过。我们把最喜欢的肥皂剧的主人公视为现实生活中的邻居。广告商、政客和活动家为了利用这一点，纷纷变成了讲故事的高手。

展现故事讲述者的魔力，让人们以新的眼光看待你的项目，让他们迷上（快乐的）结局。

知识简介

为了理解世界并预测接下来发生的事情，我们需要改变想法，最简单的方法就是将信息融合进故事中。

我们都了解开头、中间和结尾的规律，都设想通过故事主人公的眼睛来看这个世界。

事实本身就能激活我们大脑中处理语言的区域，而故事还能激活感觉、视觉和运动区域，这就是为什么我们听故事时会感觉自己好像就是生活在故事中一样。

根据克里斯托弗·布克的说法，在不同的文化中重复出现的故事只有少数几类。它们的共同特征是：有义不容辞踏上一段旅程的英雄，有敌人、盟友和导师，有一个高潮和最终的解决方案，即快乐或不快乐的结局。如果你想把自己的项目变成一个动人的故事，你应当将观众和客户设定为英雄，而你自己扮演导师的角色。

使用"冷开场"的故事讲述法能立即引起观众的注意。这意味着要先直入行动，然后再解释前因（想想电影《007》系列和电视剧《绝命毒师》前5分钟的内容）。广告人约翰·维希说："在最初的几分钟之内向我们展示你最出色的内容，我们会确定你是否值得我们宝贵的关注"。

你可以在不影响精确性的前提下，像讲故事一样构建事实信息。BBC的自然历史部（Natural History Unit）曾运用讲故事的技巧使他们的野生动物节目更能打动观众的情感。

根据黑兹尔·马歇尔的说法，讲故事是有益的，"否则我们只是获得了信息，但只有那些热爱那个领域的人才会为信息着迷（马歇尔，2015）"。

如何做

1. 你故事的核心元素是什么

- 集体或个人练习，用时 30~40 分钟。

把你的项目视为一个故事，回答下列问题：

- 你故事中的英雄是谁？（剧透：不是你）

- 你是什么样的导师？

- 你的项目如何帮助英雄？

- 英雄必须克服什么阻碍？

- 故事结尾时，你的英雄发生了怎样的变化？

- 你的故事有什么寓意？

- 你希望人们听完故事有何感受？

2. 将你的想法转变成一条故事线

- 集体或个人练习，用时 30~40 分钟。需要纸、笔和一些工作表。

谁是你故事中的英雄？将他们的旅程用典型的故事线描绘出来。记住，要呈现出你的英雄在故事结束前发生的变化。

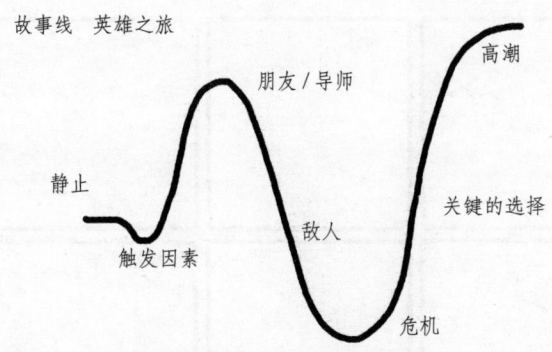

故事线　英雄之旅

高潮

朋友 / 导师

静止

关键的选择

敌人

触发因素

危机

<u>静止</u>：英雄的出场之地

<u>触发因素</u>：让英雄决定改变的因素

<u>朋友 / 导师</u>：英雄之旅中提供帮助的人

<u>敌人</u>：反对英雄的人

<u>危机</u>：遭遇的挫折

<u>关键的选择</u>：英雄必须做出的决定

<u>高潮</u>：英雄之旅是如何完成的？

英雄发生了什么变化？

3. 调整故事的顺序

- 集体或个人练习，用时 30~40 分钟。需要纸、笔和大页便签纸。

将故事线上的每一个环节都写在单独的便签纸上，然后重排顺序。如果你从结尾开始，大家会怎么想？从中间开始呢？"冷开场"能否在足够长的时间内吸引大家的注意力，以便你能解释清楚之前的经历？

4. 将你的想法用皮克斯六步故事板呈现出来

- 集体或个人练习，用时 30~40 分钟。需要纸、笔和一些工作表。

明确你的英雄是谁，并将他们放入皮克斯公司资深编剧艾玛·科茨使用的六步故事板中。作为导师，你是如何帮助英雄的？英雄发生了什么变化？

皮克斯故事板

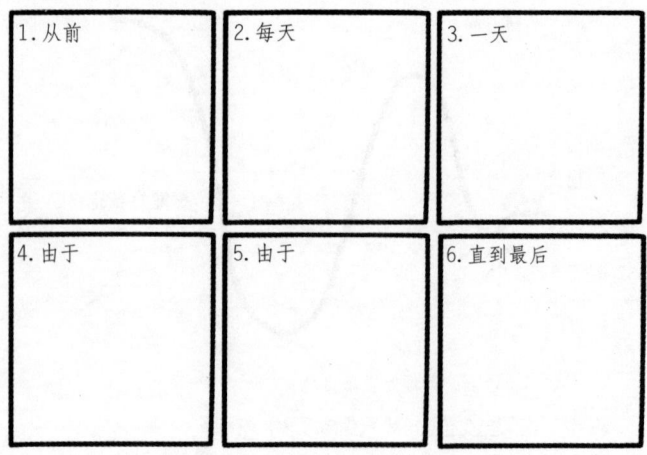

来源：科茨（2012）

思考

将你自己的角色设定为故事中的导师时，你感觉如何？这样的设定如何改变你对待"英雄"的方式，比如你的英雄是客户或利益系相关者？你打算如何帮助他们改变？

参考文献

Booker, C. (2009) *The Seven Basic Plots: Why We Tell Stories*. Continuum.

Coats, E. (2012) 22 #storybasics I've picked up in my time at Pixar: http://tinyurl.com/EmmaCoatsPixarRules

Cron, L. (2012) *Wired for Story: The Writer's Guide to Using Brain Science to Hook Readers from the Very First Sentence*. Ten Speed Press.

Gallo, C. (2014) *Talk Like TED: The 9 Public Speaking Secrets of the World's Top Minds*.Macmillan.

Marshall, H. (2015) Natural narratives. BBC Academy website: http://tinyurl.com/bbcstorytelling

Sachs, J. (2012) *Winning the Story Wars: Why Those Who Tell -and Live -the Best Stories Will Rule the Future*. Harvard Business School Publishing.

Weich, J. (2013) *Storytelling on Steroids: 10 Stories that Hijacked the Pop Culture Conversation*.BIS Publishers.

7.6 测试你的故事

为什么

没有人的想法一开始就是完美的，故事也是如此。你越早完成对故事的测试，就能越早地开始改进它。如果不能成功地引起人们的关注，那么你为新想法付出的所有努力都是徒劳的。

我们大多数人都对其他人的行为感兴趣，这会使交流更加愉快，毕竟交流能让我们得到有用的信息。正因如此，你才有了许多说出自己的故事并观察人们反应的机会。

当有人问"你这些天在忙什么"时，想好你要怎么回答。

知识简介

网络专家大卫·托马斯建议，在讲述有关你本人或你工作的故事时，你要先提供一些能满足听众需求的信息。你要让他们意识到，你拥有他们想要的东西。这样，他们会带着疑问来找你，这会让你的工作变得更加容易。

好莱坞编剧布莱克·斯奈德在咖啡店排队时，会向陌生人提出新的剧本想法，并问对方："嗨，能请你帮个忙吗，我正在构思一个剧本，想听听你的高见。"他在进行"电梯游说"（elevator pitch）时会观察人们的反应，当他们的眼神飘忽不定时，就说明此处的剧情设计需要修改。

营销人士约拿·萨克斯认为，诱人的故事应该通过可触知性、关联性、沉浸性、难忘性和情感性的测试。他提出的终极测试则是："你的交流能否让你感受到某种东西，而不仅仅是想到某种东西。"

简单官样文章指标（SMOG）根据句子结构和长短对文章的写作复杂性进行评分，而迷雾指数显示的是理解某个信息所需的平均阅读年龄。两种测试都可以通过网络免费完成。而且，从简单的路标到莎士比亚的散文，各种文本均可测试。

如何做

1. 准备你自己的"电梯游说"

- 个人测试，用时 30 分钟。需要纸、笔和秒表。

假如你有 30 秒的时间，大致能说出 90 个单词，你打算说什么呢？

你说的内容不仅要能打动人，而且要能总结你所做的工作。你怎样才能迎合观众的需要？什么内容能让观众返回来问你问题？例如，我可以说："我经营着一家培训企业，目的是帮助那些想不出新想法的人"。我希望大多数人会这样想："哦，我的确有时候没有新想法，我想知道你如何帮助我。"

准备好你的秒表。站在一面镜子前说："嘿，你这些天在忙什么？【停顿】我吗？我在……"【开始计时】

2. 在线测试你的文本

登陆 http://www.thewriter.com/what-we-think/readability-checker/ 将你的文本粘贴至网络可读性检查器中。本章文本的迷雾指数分值为 7.8，这意味着平均年龄为 13 岁的人群就应该能读懂本章内容。

3. 用约拿·萨克斯的 TRIME 法测试你的故事

- 集体或个人练习，用时 30~40 分钟。需要纸、笔和一些工作表。

TRIME 测试

可触知性：
人性尺度，你能够"触摸"或"感受"到

关联性：
你能够关联的价值观

沉浸性：
唤醒感觉，感到如同亲身经历一般

难忘性：
产生了持久的形象或象征

情感性：
让你感受到而不只是想到

来源：萨克斯（2012）

思考

你能让人们的注意力在你身上维持多久？他们什么时候开始心不在焉？他们带来了什么样的问题？

参考文献

Sachs, J. (2012) *Winning the Story Wars: Why Those Who Tell – and Live – the Best Stories Will Rule the Future*. Harvard Business School Publishing.

Snyder, B. (2005) *Save the Cat! The Last Book on Screenwriting that You' ll Ever Need*. Michael Wiese Productions.

Thomas, D. (2015) Networking workshops: www. davidthomasmedia.com/bizskills

7.7 传递创意火花

为什么

情感塑造了我们看待世界和我们所处位置的方式，也塑造了我们的思维方式，并指导了我们的行动。所以，如果你想以某种方式改变世界，比如创造新事物，你就必须照顾你自己及周围人的情感需求。

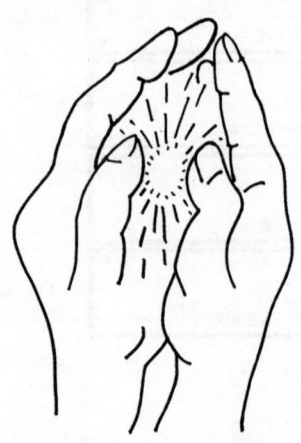

如果你想让其他人在项目过程中帮助你，你就要告诉他们你在意项目的原因。这需要真诚，也需要你显露出一些脆弱。你可能会这么想："这是工作，我来这里不是表达情感的。"但是，无论我们喜欢与否，我们所做的一切都包含着情感因素。

如果你认为不能在工作中露骨地表达情感，那么你是否表达过对同事的愤怒或者对职业的自豪感呢？如果你只表达了积极的情感而对负面情感深藏不露的话，结果会怎么样呢？

知识简介

进化心理学家瓦特·史密斯认为，我们的情感源于生存的本能：恐惧使我们免受伤害，欲望使我们与同胞联系密切。我们使用的语言不只能传达情感，还有助于塑造情感。

作家丽莎·克朗说："情感决定了一切意义"，它赋予我们周围的人和事物以意义，使我们能够决定什么重要，什么不重要。根据科学家史蒂芬·平克的说法，当我们想得到别人的帮助时，情感是非常重要的，因为它"是设定大脑最高水平目标的机制"。

根据博贝特·巴斯特的说法，情感能让人"传递故事的火花"。人们想要重视某些东西，想要被感动，但他们每天都被数以万计的信息所包围。为了将他们的情感雷达集中于你提供的信息，他们需要知道你在乎项目的原因。

如何做

1. 试试博贝特·巴斯特的故事练习 [19]

- 集体或个人练习，用时 20~30 分钟。

找到与观众的情感联系并将想法火花传递给他们：

---

19. 故事练习改编自巴斯特（2013）。

- 项目的哪一部分感动了你并改变了你看待世界的方式？

- 在你开启这项工作之前有什么感觉？现在呢？

- 你是否经历过"看到曙光"的那一刻？描述这一刻及其对你感受的影响。

- 显示出脆弱性：你不确定或担心什么？你的观众可能有相同的感觉吗？

- 你如何将你对项目的感受描述给没有类似经历的人？

2. 运用本书精心打磨你的故事

- 个人练习，用时 30~40 分钟。需要纸和笔。

回顾你在本书其他章节完成的练习：

- 重温你的使命（第 2 章）——提醒自己，不忘初心，牢记使命。为什么你的使命很重要？存在什么危险？没有你，世界会错过什么？

- 重新认识你的洞见（第 3 章）——回到让你发出"这很有趣……"这一感叹的时刻。当你发现能让你获得新洞见的线索时，将观众融合进一个侦探故事中。

- 描述你的动机（第 3 章）——你是如何发现真正的驱动因素的？人们真正想从你这里得到什么？

- 记住产生和萌发想法的艰辛工作（第 4、5、6 章）——你的突破性时刻是什么？你什么时候觉得自己失去了一切？结局是如何变好的？

思考

让朋友和亲密的同事听听你的故事，看看他们的反应如何。哪些地方令他们侧耳倾听、兴奋不已？第二天问问他们记得你说过什么。他们记得你希望他们记住的内容，还是记得其他的内容？你讲的内容是否引起了他们的情感共鸣？

参考文献

Buster, B. (2013) *Do/Story: How to Tell Your Story so the World Listens*. The Do Book Company.

Cron, L. (2012) *Wired for Story: The Writer's Guide to Using Brain Science to Hook Readers from the Very First Sentence*. Ten Speed Press.

Pinker.S. (1997) *How the Mind Works*.W.W. Norton.

Watt Smith, T. (2015) *The Book of Human Emotions*. Profile Books.

我撰写本书的目的是为了帮助你提高创造力。你开始寻找新的创意，提出了强大的想法，在抛弃了糟糕的想法后，你最后走到了这一步：说服最重要的人接受你的最佳想法。这就是你经历的整个旅程，你现在感觉如何？

图书在版编目（CIP）数据

　　即刻创新 ／（英）史蒂夫·罗林（STEVE RAWLING）著；马林梅译. — 长沙：湖南科学技术出版社，2020.3
　　（二合一极简管理课）
　　ISBN 978-7-5710-0410-1

　　Ⅰ. ①即… Ⅱ. ①史… ②马… Ⅲ. ①创造能力－研究 Ⅳ. ①G305

中国版本图书馆 CIP 数据核字（2019）第 275470 号

著作权合同登记号：18-2019-027

JIKE CHUANGXIN
即刻创新

著　　者：[英]史蒂夫·罗林
译　　者：马林梅
责任编辑：杨　旻　李　柔
出版发行：湖南科学技术出版社
社　　址：长沙市湘雅路 276 号
　　　　　http://www.hnstp.com
湖南科学技术出版社天猫旗舰店网址：
　　　　　http://hnkjcbs.tmall.com
印　　刷：长沙鸿和印务有限公司
　　　　　（印装质量问题请直接与本厂联系）
厂　　址：长沙市望城区金山桥街道
邮　　编：410200
版　　次：2020 年 3 月第 1 版
印　　次：2020 年 3 月第 1 次印刷
开　　本：889mm×1194mm　1/32
印　　张：8.25
字　　数：210000
书　　号：978-7-5710-0410-1
定　　价：45.00 元

（版权所有·翻印必究）